有栖川有栖

有栖川有栖

俄羅斯紅茶之謎

有栖川有栖◆著
張郁翎◆譯

W&K
Publishing

【導讀】

有栖川有栖的國名系列作品

◎傅博（推理評論家）

◆概說有栖川有栖的國名系列

從有栖川有栖自稱是「九〇年代的昆恩」這句話，不難看出他對推理小說的抱負與創作路線。十多年來，有栖川就一面堅守解謎推理小說的傳統創作形式，一面繼承艾勒里・昆恩之那種精緻的解謎過程之寫作架構。

艾勒里・昆恩是何等作家？實際上不必多言，其重要作品在台灣已經翻譯出版，是推理小說迷應該知悉的美國推理文學大師，不夠，在此還是爲年輕讀者做些說明，讓讀者與有栖川有栖的作品比較一下，也許更可以瞭解推理小說的香火是如何延續下來的有趣問題。

艾勒里・昆恩是歐美推理小說史上、黃金時期（一九一八～一九三〇年）的三大師之一。另外兩位是阿嘉莎・克麗絲蒂和狄克森・卡爾。從此歷史定位，即可知道他們是多產作家，其傑作與產量成比例之多，其作品架構各具獨自風格。如克麗絲蒂之作品，容易讓讀者移入感情，以欣賞多樣化之解謎世界。又，卡爾的作品世界雖然充滿怪奇氣氛，卻有超難度之不可能犯罪型的解謎推理。

而昆恩的作品特徵是作品架構的緻密性和喜歡向讀者挑戰的遊戲性。

推理小說有很多種分類法，其目的是：欲以短短幾字的單語說明一部作品的內涵。以「解謎推理小說」而言，是「推理小說」之一領域，以解謎爲主題的推理小說之總稱呼。同樣是解謎爲主題卻有很多不同類型，從某種角度去分類，就有其角度的分類法。

筆者曾在有栖川有栖的《魔鏡》和《第46號密室》二書（小知堂文化出版）〈導讀〉言及「短篇」與「長篇」的架構問題，以及「不能犯罪型」與「不在犯罪現場型」的寫作形式問題，這些就是從不同角度所作的分類法。

解謎推理小說的另一種分類法是「挑戰型解謎推理小說」與「非挑戰型解謎推理小說」。所謂「挑戰型」是作者必須在偵探作解謎行動之前，將犯罪現場的狀況、事件關係者的言行、偵探的搜查過程等與解謎有關的諸要件公開給讀者，讓讀者與偵探站在同一地點去推理、解謎的作品。「非挑戰型」的作品，大部分是特殊架構的作品，以及作者自我陶醉的失敗作。

解謎推理小說原來的主旨就是讓讀者參與推理、解謎的遊戲文字，沒有挑戰書，讀者仍能參與推理，才是正常的解謎推理小說，所以解謎推理小說大部分是屬於「挑戰型」的，作者具體提出挑戰書，是欲表達其公平性。

艾勒里・昆恩是兩位同年齡（一九二五年出生）的表兄弟 Frederie Dannay 和 Mantred B. hee 之合作筆名，一九二九年發表的處女作《羅馬帽子的秘密》，就是其「國名系列」之第一部作品。

之後，七年內（至一九三五年）一共發表了冠以國名的長篇九篇，按其發表順序列舉：《法蘭西白粉的秘密》、《荷蘭鞋子的秘密》、《希臘棺材的秘密》、《埃及十字架的秘密》、《美國槍的秘密》、《暹羅連體人的秘密》、《中國橘子的秘密》、《西班牙岬角的秘密》。本系列的最大特徵是作者借記述者名義，插入〈向讀者挑戰〉一短文（只《暹羅連體人的秘密》，沒有挑戰書，但是一樣可以參與推理）。

本系列的另一特徵是，名探的造型，他與作者艾勒里・昆恩同姓同名（這種遊戲精神就是作者的推理文學觀），父親是紐約市警察局的高級警官，所以一名非職業偵探，才有機會參與辦案，這是作者將非職業偵探，能夠連續參與辦案的合理化。國名系列完結之後，名探艾勒里・昆恩仍然在艾勒里・昆恩作品裏破案。

而有栖川有栖所創造的名探火村英生的名銜是犯罪社會學家，是屬於自己直接參與勘查犯罪現型的偵探，也是屬於天才型偵探，勘查現場、向關係者質問幾句後立即破案，作品中的記述者有栖川有栖（與作者同姓同名，可視爲作者的分身）稱他爲臨床犯罪學家，象徵其速戰速決的偵探法，這點是有栖川作品的最大特徵。

有栖川於一九九二年三月，創作了火村英生系列第一長篇《第46號密室》後，翌年二月即發表了火村英生的國名系列第一短篇〈俄羅斯紅茶之謎〉，之後陸續發表了〈巴西蝴蝶之謎〉、〈英國庭園之謎〉、〈波斯貓之謎〉等三短篇與《瑞典館之謎》、《馬來鐵路之謎》等兩長篇，合計六篇（今後還有續篇的出版計畫）。而上述四短篇名分別冠在四本短篇集出版，可見作者對自己之國名系列的自負。

◆閒談《俄羅斯紅茶之謎》

《俄羅斯紅茶之謎》是有栖川有栖的第一短篇集，名探火村英生系列第三集，一九九四年八月由「講談社小說叢書」系列出版，一九九七年七月改爲「講談社文庫」版出版，本書是文庫版的翻譯本。

關於有栖川有栖的經歷和初期作品簡介，請參閱《魔鏡》和《第46號密室》兩書之〈導讀〉，本文不重複介紹。

本書一共收錄一九九三年二月至一九九四年四月所發表的解謎推理短篇六篇。

〈俄羅斯紅茶之謎〉的故事主軸是，衆人注視中的瞬間殺人。作詞家奧村丈二招待四位朋友，和妹妹在神戶北野町的豪宅開尾牙派對，大家在唱卡拉ＯＫ作樂時，奧村喝了一口俄羅斯紅茶而暴斃，死因是紅茶內的氰酸鉀中毒，以情況判斷，有下毒機會的是在場五人，下毒方法和毒品容器成爲破案的關鍵。「毒品詭計」的佳作。

〈八角形圈套〉也是以集會中的瞬間殺人爲主軸的小說。火村與有栖川在「詭計明星」劇團參觀排演推理劇〈八角館之殺人〉時，一時停電，黑暗中一名演員頸部被注射氰酸鉀而死亡。不久另一演員抽了一枝香菸也死亡，死因是吸入了香菸內的氰酸鉀。由情況來判斷，在場的劇團關係者六名，都有機會殺人。尋找注射筒（兇器）是破案的關鍵。本書唯一附有作者挑戰書的作品。「兇器移動詭計」的佳作。

〈Rune的指引〉也是屬於集會時的殺人爲主軸的小說。一對美國人夫妻，在家裏招待四名客人時，其中從美國來的中國人在寢室休息時被刺殺，掌中握著四個占卜用的小石頭，石頭上的古代文字Rune暗示了什麼？由情況判斷，參加集會的其他五人都有殺人機會。追求每人的不在犯罪現場證明是破案的關鍵。

〈動物園的暗號〉也是一篇變形的以集會中的殺人爲主軸的小說。動物園的夜間管理員在深夜被打死，棄屍在猿猴園內，死者掌中握著一張寫了很多動物名的紙條。犯罪場景的設定與〈Rune的指引〉很類似，但是其破案的關鍵不在犯罪現場證明，而是「告發暗號」的解讀。屬於「暗號詭計」的作品。

以上四篇的故事主軸都是「集會中的殺人」，這類作品原則上，兇手限定在在場的人員內，作者可採取速戰速決的破案形式，突出名探形象。而其詭計是多樣化的，適合解謎短篇的創作。

以下兩篇的故事架構就不同了。〈紅色閃電〉寫雷雨夜，兩名女子連續死亡的事件。住在公寓六樓的大學生，目睹對面公寓七樓的金髮美人被推下樓的殺人事件。報警之後，發現死者的房子反鎖，呈密室狀態，兇手如何從密室消失是第一事件的主題，第一事件發生不久，律師夫人駕駛的轎車在電車道口拋錨，不幸被電車撞死。這兩事件是否有關連？關連性的探討是第二事件的主題，作者還爲讀者準備了意外的收場。是一篇「人的消失詭計」佳作。

〈天棚的散步者〉是寫一個有偷窺癖的老人，自食其果而被殺所引起的意外收穫的故事。老房東被殺，留下一本記錄深夜從天棚偷看房客行動的手記。其中一段，記錄代號「大」的房客之異常的性癖。火村英生推斷，「大」就是警察當局尋找中的「色狼」，房東可能是因知道他的秘密而被殺，那麼五名房客中，誰是兇手？火村想出妙計，「引狼入獄（室）」。平時很冷靜地做推理的火村英生，這次反常，有動作。火村英生系列的異常作品。從以上六篇作品，即可知道詭計的多樣性之同時，也可看出「效顰艾勒里．昆恩的國名系列」（參閱本書後記）自謙之有栖川有栖的創作才華。

俄羅斯紅茶之謎

動物園的暗號

1

對我來說，去動物園的期待當中，看猿猴是最重要的一件事。別說是小時候，就連現在都已經卅三歲了，這種心情還是絲毫未變。可以在猿猴的水泥山前面不知不覺就待上一個小時，或者是在那裏度過愉快的時光。儘管如此，雙腳踏入動物園的猿猴山裏對我而言還眞是生平第一遭。我既非猿猴也非餵食部人員，身爲一介小小的推理作家，這可是我的生涯裏前所未聞、最初也是最後的一個經驗了。

「被害人是被兇器毆打了頭部之後，遭兇手遺棄投入，當然啦，就死在這裏的牆角。事情是這樣的——」身穿西裝趴在地上，向我們詳細描述、再現當時情形的是大阪府警搜查一課的船曳警部。周圍的猿猴們一副百思不得其解的樣子，簡直目不轉睛地盯著這兒瞧。因爲這可說是大阪府立阿倍野動物園的猿猴區開闢以來所遇到的最離奇事件，所以，身爲高等動物的猴兒自然會感興趣。

「你是說，死者的樣子是左手放在胸口下、右手往頭上舉起的。對不對？」

對著警部前禿型的後腦勺詢問的是我的友人——火村英生，現年卅三歲，英都大學社會學部副教授，專攻犯罪社會學。並也加入名爲「實地考查」的研究、實際參與犯罪搜查，我稱之爲「臨床犯罪學者」。

「是的。右手是像這樣，緊握著拳頭的樣子。」

過了幾秒鐘，警部搖晃著他鬆弛的腹部脂肪站起來，拍落附著在白襯衫上的泥土，調整吊帶——他本人可是自稱那是復古懷舊風褲子吊帶的呢——將褲子向上拉好。只要說到他的吊帶，你就會忘記他還有一個禿得像顆完美雞蛋的頭、和如同枕邊故事書裏畫的獾狸一般的太鼓型肚子。別說是最佳服裝獎了，如果有「吊帶先生獎」的話，我很想大聲地推薦船曳警部。

「剛才提到被害人手裏握著奇怪的紙條，請問是在右手裏發現的嗎？」

警部用力地點頭回應我的問題。到目前爲止我已多次以火村的助手名義參與搜查活動，所以能向船曳警部自由發問。

「是張莫名奇妙、怪異的紙條。上面寫著一些像是暗號的鶴呀烏龜之類的。說不定以推理作家——有栖川先生的眼光來看，會有不一樣的見解。待會馬上拿給您看。」

「嗯，拜託了。」我說。

這時，火村撥著他那摻雜著少年白的頭髮，抬頭往上看，我也跟著往上看去，也許是因爲身處猿猴山的下方，三月的天空感覺非常遙遠。而那些將手放在生鏽的鐵製柵欄上往下看的人群，既非攜家帶眷的家族，也非來遠足的小學生們的笑臉，個個都是壯碩的刑警或是鑑識課的人員。

「被害人從那附近被丟下來之後，仍有些微的生命跡象嗎？」

「現場查驗的結果，就是那個樣子了。不過，當時絕非可以出聲求救的狀態。因爲這裏離餵食部辦公室和動物醫院都有一段距離，如果沒有用盡全力大聲喊叫，應該是聽不到的。對於瀕臨死亡的被害人來說，實在是不可能作得到。」

「已經排除了意外或是自殺的可能性，是嗎？」

對於我的提問，警部充滿自信地回答：「上面已發現數滴血跡。是他殺。」

「不好意思，說過被害人的名字了嗎？」火村兩手插在白色的外套口袋裏問道。

警部突然用力拍打了一下自己的額頭：「啊！對不起。我忘記說了。被害人名叫太田善治、廿九歲。在餵食部門工作已經是第十年了。」

「死亡時間推測是幾點呢？」

「大致上已將範圍縮得非常小了，是昨天的凌晨一點到兩點之間。」

「太田善治先生當時是在值班嗎？」

「是的。剛好輪到他負責夜間餵食，所以他昨天的工作時間是晚上九點到今早六點。」警部開始說明發現屍體的經過：「屍體被發現的時間是凌晨兩點三十分。發現的人是擔任夜間餵食的同事——乾令二，在作定時園區巡邏時發現的。當時他立刻聯絡了其他的同事和獸醫，但是當他們下來一看，很顯然地被害人早已死亡，獸醫派不上用場。由於很難想像是因不小心而造成的意外翻落，所以他們立刻通報了警察。根據紀錄，那通電話是在凌晨兩點四十九分打進天王寺署的。」

之後，根據天王寺署的通報，船曳警部說他到達現場的時間是三點半過後。如果再更進一步追溯經過的話，就是，由於此案不太尋常，適合請火村教授來，所以位於京都的副教授的房間電話在早上七點半時鈴聲響起。「離你家最近的動物園裏，發生了推理作家喜愛的事件，一起來吧！」火村在七點卅五分的時候，打了這通電話給我，當時我可是終於完成了工作，五點才剛就寢的呢！

在火村從京都趕來現場的同時，住在夕陽丘、徒步離這裏十五分鐘路程的我，正悠閒地邊吃早餐邊看早報，當然，這起事件還沒被刊登在報紙上。位於大阪正中央的動物園裏，猿猴山發生了深夜殺人事件，我看不只是當地，這種轟動全國的駭人新聞不一會兒就會開始報導了吧。船曳警部雖未將自己的心情寫在臉上，但內心一定也很澎湃激昂。

「多虧今天是星期一休園日，所以不用操心現場周圍的物證保全。」警部邊摸肚子邊說。的確是如此。如果事件的發生差了一天，比如說是在星期天的話，如何處理入園者可就大傷腦筋了。大多數的休園日，都會設定在動物們被一大群人觀賞，搞得精神疲憊的隔天、也就是星期一，阿倍野動物園也不例外。這實在是太湊巧了，既省下了隔離淨空現場的麻煩，又剛好有「臨床犯罪學者」和其助手——再說一次，這只是我的名義而已——參與這項搜查活動。順帶一提，火村像這樣參與現場蒐證，是經過大阪府警本部部長同意的。這和過去的實際成果有關。

「這邊應該可以了吧？接下來，我們去餵食部辦公室作更詳細的情況說明。剛才我說到的奇怪紙條也在那裏，還有事件當時在園內的人員也都集合在那兒。一起去聽聽他們的說法吧！」

船曳警部一邊說：「嘿休！」一邊開始爬起了陡峭的石梯。跟在大屁股後面連續爬著階梯而上之後，迎面而來的是通天閣的正面。這個動物園和通天閣一起的景色，可以說是大阪孩子的童年風景之一。

「猿猴如果會開口說話，此案立刻就可以解決了，因爲有這麼多的目擊證人。」

我一邊回頭看著人類的祖先們一邊說。火村也：「對呀」地表示贊同：

「這些傢伙，應該像 HomoSapiens（人類）一樣不會說謊的吧！」

2

在餵食部辦公室、作業員休息室裏的，是從昨晚起就被下禁足令的五個男人。由於通宵了一整晚，加上現在已經超過十點了，所以大家都帶著疲憊的臉色坐在椅子上。根據在進入辦公室之前警部所告知的情報，昨晚在園內的所有人士，只要是和事件沒有直接關係者，都在九點左右得到回家的許可。也就是說，現在在這裏的五個人，是我們目前的嫌疑犯。

「我們不打算花那麼多的時間，所以請再多忍耐一下。」

船曳警部事先向他們打過招呼後，就將火村和我以協助警察搜查辦案的犯罪學者和其助手介紹給他們。關於這一點，沒有任何人有疑問。

之後警部向我們介紹了他們五人的名字和簡歷。坐在最右邊的是中糸郁夫，結實的肌肉男，他那捲起的作業服露出的手肘就如健身選手般地強壯。

坐在他旁邊的是白鳥梓，名字有優雅男星的味道，但是嚴格說起來，臉的膚色偏黑，眉毛和鬍子也偏濃，很有男人味。

中糸和白鳥看起來應該有卅五歲左右，但是，下一位的乾令二感覺上就只有二十歲出頭。他和前輩們不同，有著少年般光滑的臉龐，交叉在膝蓋上的雙手手指也很修長。眼睛總是向下看，還常翻白眼往我們的方向偷瞧。

三人身穿灰色的作業服，一眼就可得知是夜間餵食人員，但是，其餘兩位的地位就不一樣了。其中一人約莫五十歲，是位體格良好的男子，緒方虎三身穿的白衣標誌著他就是園內動物醫院的獸醫。像是在無言抗議般，他不斷地連續打呵欠，提醒我們是該早點讓他去休息睡覺了。

獸醫的事早在猿猴山時就已在警部的談話裏登場，何況在動物園裏工作也不是奇怪的事，但是最後一人還是令人意想不到，此人身穿深綠色的雙牌扣西裝，從剛才就一直很專心地擦拭他的黑框眼鏡。他名叫 ANIMAL 岡田，精於模仿動物的聲音和形態。雖然他只以關西爲中心活動，卻也常常在全國播放性的節目中演出。這是我第一次看到他本人，看起來比廿六歲的實際年齡還老。暫且不提這個，總之，爲何他會出現在深夜的動物園呢……？

「岡田先生昨晚出現在動物園裏的原因，是爲了要觀察動物的夜間生態對不對？」

像是觀察到我的疑惑般，警部詢問岡田。案情盤查應該早已結束，警部一定是爲了火村和我才故意再作一次確認。

「嗯。爲了研究新的模仿點子來的。」岡田用我們常在電視上聽到的聲音回答。

「聽說您從新人時代就一直爲了研究而很頻繁地來這裏——」

「我每天都來，因而認識了餵食部的人員，也是我拜託他們讓我可以進入動物園的後台內側，我跟他們認識很久了。」

這一點都不是輕薄的閒聊，而是擁有專業技能的他自己的一段插曲。感覺得出來，那是一段佳話，訴說著沒沒無名的新進藝人和餵食部人員們的交流。

「岡田先生，你來的日子可眞是不巧。捲入了意想不到的事件。」緒方獸醫說道。

模仿大師停下了擦著眼鏡的手搖了搖頭：「麻煩倒是不至於，只是很遺憾太田先生死去……。眞難理解像他那樣的人竟會被殺。」

「剛才我問你們知不知道有什麼特定人物和太田先生結怨，大家都異口同聲地回答說，應該不會對不對？」警部雙手掛在吊帶上問道：「這樣的回答還是沒變嗎？」

沒有人要撤回之前的回答。根據他們的談話，被害人太田善治至少在表面上不曾和人結怨。

「關於此事，如果有想起來什麼的話請通知我。也許有什麼是不便在大家面前說的。」警部翻開他的手冊：「關於大家昨天的行動，我要確認一下。中糸先生、白鳥先生、乾先生你們三位是在晚上八點四十五分到五十五分之間出勤的。這是你們平常的時間囉？」

「是的。因爲九點開始，就是上班時間。」中糸代表大家回答。

「之後，一直工作到隔天的六點嘛。關於夜間餵食人員的工作內容，可以麻煩你爲火村教授他們再作一次簡單的說明嗎？」

中糸面對著火村與我的方向，不厭其煩地向我們說：「作業內容就如你們所想像，是照顧夜間的動物並巡邏園內。具體說來，首先是調查巡邏動物房舍的電和暖氣、冷氣、以及有無上好鎖。當然也要確認動物們是否有異狀，必要時還要聯絡負責的餵食人員。之後還要充當警衛巡察有無不良人士逗留在園內。」

「原來如此，和飯店的 night crew（夜間小組）一樣喔。獸醫師也是早晚輪班制的嗎？」火村詢問緒方。

「不是不是。獸醫並不用每晚都睡在醫院。昨天只是碰巧而已。因爲 GONTA 的流行感冒遲遲沒好，很擔心，所以留下來看的。」

「GONTA 是誰？」

「是公的大猩猩。負責人當時也在旁邊待了一陣子，因爲牠的狀態有稍稍穩定下來的跡象，所以他在十一點左右回去了。我本來也應該回去就好了，只是家住泉大津，有點遠。加上還是有點擔心 GONTA 的狀況，要回家也滿麻煩的，所以就留下來了。」

「大猩猩也會感冒喔！」

我不禁說出無聊的感想，所以被獸醫斜眼瞧了一下。

「應該是被觀光客傳染的啦。眞的很想請遊客注意一下。特別是大猩猩，牠可是纖細得很，一點都不像牠的外表。」

船曳警部乾咳了一聲將話題轉回來：「因此，緒方醫師留在園內。然後，岡田先生是因爲早先的約定，爲了觀察動物們的夜間生態而在晚上十點前來。——這個約定是和誰約的呀？」

「首先，是跟太田先生拜託，然後太田先生透過中糸先生取得園長的同意。他是位親切的人。因爲衆所周知我作事一向認眞，所以得到認同。」

「你是一個人在園內來回觀察的嗎？」警部詢問。

「起初是和白鳥先生一起。但是到了十二點左右，白鳥先生說：『我要去給海貓的小孩餵牛奶了。』所以之後我就獨自觀察。」

「餵嬰兒喝牛奶也是工作之一？」

火村對著濃眉的男人發問。白鳥用低沈的聲音回答：

「嗯，需要人工哺乳的動物其他也有幾隻。有些情況是因爲生母過於年輕，學習不足而不能哺乳，因此我們餵食部就要去餵牛奶。白天由負責人執行，晚上的哺乳就由夜間餵食部來實施。」

夜晚的動物園其實也是有各式各樣的工作，感覺上還挺忙的。

「好，接下來是關於被殺的太田先生的行動，」警部翻開手冊的下一頁：「他也是在昨晚九點前出勤的。九點到十一點時是作南園的巡邏。之後作的是爬蟲類館，機械物品的盤點和記錄室溫。十二點的時候，回到這個房間和大家在這裏休息——」

「沒錯。」只有中糸出聲確認。

「吃了速食杯麵當宵夜、喝了咖啡，然後從十二點四十五分開始，又去作園內的巡邏。這時是巡邏有猿猴山的北園，之後在一點整遇到岡田先生——」

阿倍野動物園因爲馬路的關係而分割成南北，用北園、南園來稱呼。兩個地方是用地下道作連結的。

「是的，」模仿大師回答：「當我在觀察大象的時候，太田先生向我打了一聲招呼。」

「當時情況如何？」

「那時他問：『看見大象橫躺著睡覺的姿勢是第一次喔？』然後我回答：『這麼大聲的打呼感覺上可以拿來用用。』當時的對話大概只有這樣而已。之後太田先生就笑著說：『好啦！那你加油練習吧！』立刻就離開了。」

在夜晚的大象房舍前對話的兩個男人——雖然我不知道當時的太田善治是用何種神態說話——我的腦海開始浮現這樣的景象。當時的他們應該不是在玩樂，但不知爲何，我嗅到了一股自由的空氣。感受到夜晚的風，不禁有點神往。啊，我想起來了。那時，我不正是關在徒步離這十五分鐘的公寓房間裏，拱著背，面對著打字機，撰寫我的血腥物語嘛。說不定剛好在同一時刻裏，我正休息一下喝咖啡呢！無論如何，那個房間裏都沒有吹著屋外舒服的微風。

「在那之後你作了什麼事呢？」

「當然是練習了大象的打呼聲囉。在那邊狠狠地待了三十分鐘左右之後，終於找到了可以在舞台上使用的題材了。啊，對了，你們要不要當評論員試聽一下？基本上是像這樣的感覺。——ㄈㄨㄍㄡˇㄨ……ㄈㄨㄍㄧˇ……ㄅㄨㄍㄨˇㄨ。」

ANIMAL 岡田鼓著雙頰向我們披露了新點子的精華。我興味盎然地豎耳傾聽，不過警部不耐煩地揮了揮手冊：

「有成果還眞是不錯啊。那，在這之後，就沒有人目擊過還活著的太田了，對不對？」

全部的人都點了點頭。

「根據現場查驗的結果，可以推斷太田先生是在一點到兩點之間被殺的。也就是說，這起事件是在他與岡田先生分開之後立刻遇害的也說不定。岡田先生當時有沒有查覺到異狀呢？或是附近有無人影？」

「……沒有。都沒有。」表演者的他一臉很抱歉的樣子搖搖頭。

「太田先生是往猿猴山方向走的嗎？」

「是的。是往那個方向沒錯。但是，雖說大象和猿猴山都是在北園但也是有相當的距離，所以我無法判定他是不是以猿猴山爲目的地走去。加上我們當時也沒說到之後要往哪去的話題……」

「太田先生有沒有約定大概會在幾點去作猿猴山附近的巡邏呢？」警部向中糸詢問。

「我們不會約得這麼細。不過通常會在一點到三點之間在北園內巡邏，確認有無異狀，稍作休息之後去照顧鳥類。因爲鳥類是園內最早起床的生物了。」

哎！夜晚的終結、早上的到來是由鳥類來宣告的呀。當我聽到此話的一瞬間，腦海裏啪拉啪拉地展開這裏一天的景象。

一邊興奮地發出黃色一般的聲音，一邊勾著母親手臂跳來跳去的女孩、坐在父親肩上，欣喜莫名的男孩。當通天閣那邊的天空染上茜草般的暗橘紅色、熱鬧了一整個白天的孩子們的歡笑聲褪去的同時，門關閉了。在動物們安眠的夜晚裏可聽見園內大大小小的鼻鼾聲以及夜行動物們發出的聲音，另外還有冷暖氣等機械類的運轉聲。我不禁想起，在這大都會的正中央，居然有這番天地。然後，比拂曉的來臨還要早起的鳥類，唱起高亢的啼聲與振翅的聲響。等待，早晨的陽光射入——。

唉，現在可不是悠閒想像的時候。

3

「發現太田先生滾落在猿猴山下面時的樣子，可以請乾先生再說明一次嗎？」

年紀最輕的乾令二，不知是否因爲緊張，聳肩抬手細聲說：「我也是在兩點到三點時，進行了北園的巡邏。到猿猴山之前是沒有任何異狀，但是當我繞著山走了一圈，正準備離開時，發現有帽子掉在地上。由於兩小時前經過時，並沒有這樣的東西，所以我覺得很奇怪，撿起來一看，上面繡有太田先生的名字。心想莫非發生了什麼事，於是拿起手電筒往猿猴山下一照。居然在那邊發現了太田先生……」

警部問：「是趴著倒在地上的嗎？」

「對。然後因爲我叫了兩、三聲都沒有回應，於是就慌慌張張地跑去叫緒方醫生了。」

當時的緒方才剛從 GONTA 的鐵籠那回來，正準備要休息就寢。在接獲告知，前往猿猴山方向的途中，遇到中糸與白鳥，所以對他們大叫出事了。而他們兩人也一起往猿猴山方向走去，然後發現太田已死。之後通報了警察。——他說的不過就是重複先前我們已從警部那邊聽到的事情經過。

「發現屍體的時間剛好是在凌晨兩點三十分對不對？」

對於警部的詢問，乾很有自信地回答了。其他三人則供稱他們得知意外的時間是兩點三十分到四十分之間。

「在這裏我要再詢問你們已經問過的事，」警部提示著：「從一點到兩點之間，有沒有任何人看到奇怪的東西或者是聽到什麼聲音、聲響的呢？」

衆人一致搖頭。

「那麼，請大家再說明一下，關於自己在一點到兩點之間的行動。」

是在聽取不在場證明。我想，被當作殺害同事的嫌疑犯應該是很不好受的吧！但是，他們都沒有那種感覺，並且依序回答了這個問題。

「當時我的情況是，」中系首先開口：「正在巡邏南園。一點半左右，看到正在和海貓玩的白鳥，和他打了聲招呼，其餘的在過了兩點之間，我沒有和誰見到過。」

接下來是白鳥：「餵完海貓的牛奶後，我和牠玩了一下。因爲牠是活生生被父母遺棄的，所以如果都不理睬牠的話實在太可憐了。和中糸君：『喲！』地打招呼的時候，是一點二十分左右吧。之後過了一陣子，我去看了北園的鳥園區。因爲三月是鳥類產卵的旺盛期，所以要特別注意。」

換乾繼續說：「那段時間我一直待在北園。兩點之前去看 GONTA，並和緒方醫生聊了一下，之後就都是一個人了。」

再來是緒方醫師接著說：「我待在 GONTA 的寢室。既然決定要住下，乾脆待在牠身邊，等牠的狀態更穩定之後再說好了。乾來的時候大約是兩點之前吧！至於我有沒有去別的地方，就只有 GONTA 知道了。」

最後說話的是 ANIMAL 岡田：「大象之後，我還觀察了河馬和水牛，之後，爲了尋找模仿的點子，我去了爬蟲類館。看到了錦紋巨蛇翻身睡覺的樣子，眞是一大收穫呢！我亂講的。其實深夜獨自待在那種地方，心裏還眞是有點毛毛的。」

我雖無此經驗，但深表同感。

不過，若以船曳警部的表情來說，好像並沒有更新的眞相浮現。

「對了警官。我們照你所問的，回答了昨晚的行動。今天已是第三次了。我知道我們難免會被懷疑，只是全世界那麼大，不可能只有我們五人是嫌疑犯吧？夜晚的動物園的確是封閉的場所。但是，翻越圍牆從外面侵入的人也不無可能。之前也有過喝醉酒的年輕人，不知是從哪裏進來地在園內吵鬧的案例！」緒方的這番話雖然說得十分客氣，但雙眼卻浮現著剛才所沒有的不滿色彩。

「我知道。我們也有調查有無從外面侵入的痕跡。而且我們並非特別將大家當作嫌疑犯對待，請多多包涵。」

我不知道獸醫是否瞭解了還是怎樣，對於警部的回答，他無言地點頭了。

警部的問話告了一個段落，對大家說了聲：「不好意思。」就離開房間，對著外面大喊部下的名字：「森下」。過了一會兒，他手上拿著一張紙片回來。上面有被揉成一團時留下的凌亂痕跡。

「對不起，我要再問一次，對於這上面所寫的東西，你們有沒有什麼線索？由於已經取採完指紋樣本了，所以各位可以拿在手上觀看，沒有關係。」

那張手掌般大小的紙片首先是交給了中糸。伸出粗壯手臂拿取的他，禮貌性地眺望了一下之後回答：「沒有。」後來紙片的傳遞順序是白鳥、乾、緒方、岡田，但是大家的回答都一樣是ＮＯ。

「這個是被害人右手裏握住的東西。」警部說道，並將岡田交回的紙片轉到了火村手上。我探頭盯著紙片瞧，上面排列著動物呀魚的名稱。這到底意味著什麼，乍看之下完全無法瞭解。

「好像是暗號。」

我說完，白鳥回道：「是暗號沒錯。」

「這個是太田做的暗號。他曾向我們挑戰：『知道是什麼嗎？』但是我們都解不開。」

「你說被挑戰，是說這個暗號，生前的太田先生有給你們看過嗎？」

火村詢問。白鳥一邊搔著自己那過了一夜長出了鬍子的下巴，說：

「昨天，啊，不是，是前天晚上給我們看的。是十二點的休息時間的時候。我們邊喝咖啡邊閒聊，他從口袋拿出了那張紙片問道：『知道是什麼嗎？』因爲他喜歡猜謎，在這之前他也拿過自己做的猜字謎語來給我們挑戰。算是休息時間的遊戲吧。這張紙片上所寫的，是他新做的暗號啦！」

火村邊看紙片邊問：「看來大家好像都沒解出來，他有告訴大家解答嗎？」

「沒有。當時他笑道：『再想個兩、三天吧。答對者我請他吃一千日圓以內的任何東西。』」

「沒有提示嗎？」

「完全沒有。」

火村從鼻腔嘆了一口氣。「這適合你吧！」

他將暗號交到我手上。只有排列著動物的名稱的暗號，不論當時那位猜謎愛好家的餵食人員覺得是多麼有趣，我可是一點都不覺得好玩。

「這個暗號是需要有對動物的專門知識嗎？有沒有說類似這樣的話呢？」

我沒有特定對誰詢問著，「經你這樣一說……」中糸開口了：「當時的我稍微花了一點時間考慮了一下，就被他說了：『連你都解不開嗎？』」

「是說『連你』嗎？不是『連你們』？」火村抓了語病問道。

「是的。是『連你都解不開嗎？』沒錯。」

我可以理解火村爲何要確認這件事。因爲如果解謎的關鍵是需要餵食人員專業知識，他應該會包含白鳥與乾，一起說：『連你們都解不開嗎？』。

火村又繼續問了：「中糸先生有沒有特別負責什麼，或曾有只有他負責過的動物嗎？」

「我有沒有什麼特別的……沒有，先撇開資歷較淺的乾不說，和白鳥比起來，我並沒有特別負責什麼動物。你說的只有他負責過的動物也沒有。」

「那有沒有什麼特別喜愛的動物或者是棘手的動物呢？」

「……沒有，沒有這種事。」

火村換了個話題問：「前天晚上，有誰從太田先生那邊看過這個暗號的？」

「我，和白鳥與乾三人。」

「這麼說來，緒方醫生和岡田先生，第一次看到這個東西是什麼時候？」

「被船曳警部問道：『對這個有沒有印象？』的時候是初次看到！我連這個是太田先生做的暗號都不知道，完全不瞭解是什麼東西。」緒方說。

ANIMAL 岡田的回答也相同。

「昨晚的休息時間裏，沒有以這個暗號作爲話題嗎？」

「因爲我們說起了別的話題，所以沒有講到這個。當時盡是說些我的失敗旅行、和白鳥的高爾夫球講座、乾的電影錄影帶的收集等，不値一提的興趣的話題。而且，因爲昨晚岡田先生和緒方醫生也都在，所以我們也有說些藝人們的幕後八卦、GONTA 的感冒情況等話題。」

火村又轉了個方向問：「昨天晚上和前天晚上，太田先生的作業服都是一樣的囉？」

同樣也是中糸回答：「對的。因爲工作時都是穿這個作業服的。」

火村稍微想了一下，然後對警部說：「現在我沒有別的問題了。」

警部對著五位關係人深深致意：「在這麼疲憊的時候，謝謝大家的合作。中午之前會讓大家離開。」

「中午之前？」

像是在說「拜託饒了我們吧！」似地，我聽到獸醫小小聲地咂了一下嘴。

4

鶴 牛 鰐 (鷹) 鶴 鹿 鯉 牛 亀
象 鹿 鳥 (鶴) 鼠 亀 鳥 鯨 犀
(魚) (魚) 牛 鯖 鯖 フ ニ
鷹 鳥 猿 鹿 竜 (馬) △(馬)

這個就是太田善治遺留下來的暗號全文。

「眞是莫名其妙。」警部看著放在桌上的紙片，抱著胳膊說。我們圍在暗號旁——影本而非實物——在紅鶴園旁邊的餐廳裏。幸好是休園日，這裏被作爲園內的暫時搜查本部——當然，正式的搜查本部是設在天王寺署。因爲動物園裏有很多作業是必須在沒有觀光客的休園日做的，所以無法佔據餵食部的辦公室。

「吉祥祝賀物的鶴呀龜的出現很多次，但是我們這兒可眞是一點都不値得慶祝。」

面對著發牢騷的警部，火村也一樣抱著胳膊抽著駱駝牌（Camel）香菸。

「遇害身亡的被害人手裏握著這個。代表這個暗號一定是要傳達些什麼？因爲是死前想要遺留下來的訊息，我想這應該可視為找出兇手的特定情報吧！」

因爲火村始終不語，一旁的我於是發表意見。幸好警部的想法和推理作家的意見一致。

「我也是這樣想的。因爲首先可以確定的是，這個是瀕臨死亡的被害人依自己的意志握住的。如果是兇手讓他握住，再將屍體投下的話，屍體的右手是不可能可以握得那麼緊的，而且即使是兇手在屍體投下之後，大老遠地走到猿猴山的下面讓他握住，也很難想像。」

我根據狀況推測了一下。太田善治遭某人以重物毆打頭部之後，被投入猿猴山下。在掉落地面後，如果還有一點意識的話……

如果他自覺即使呼叫求救還是枉然，接下來他所想的，應該是要遺留一些關於兇手是誰的訊息吧。雖然他的作業服的胸前口袋裏放有原子筆，但是據說那枝筆掉落在屍體的腳跟數公尺遠處。那應該是在滾落時掉出來的吧。爲了要找掉落的原子筆，周圍不但灰暗，他應該也沒有體力這樣作。這時也許是心血來潮，也許是剛好放在口袋裏的指尖摸到的，他想起了他還有這個暗號。只要解開了這個暗號，一定可以知道兇手是誰。於是他從口袋裏將這張小紙片取出來，緊緊地用右手握住，然後停止了呼吸，死亡——

「對對對。我也是和有栖川先生想到一樣的事。因爲，以被害人的行動來推測比較合理。只是這樣的話，雖然很麻煩，也請你們一定要解開這個暗號。」

大阪府警署鐵腕警部的表情無精打采。這也難怪，如果是查證或是盤問，他應該是很上手的，但是說到要解開謎題，實在太強人所難。我才想到這，火村就開口說話了：

「我現在的心情和警部一樣。如果是要來作犯罪搜查，那請解開謎題吧，對不對。這個問題既不適合刑警也不適合犯罪學者，很明顯的，是適合推理作家有栖先生。」

他努努嘴，用斜斜叼著的菸指向我。

「咦，你何時也會說這種洩氣話呀。我只是你的助手，要等你的指示耶！」

我稍微調侃了他一下，他將菸叼回原位，說：

「那我就不客氣了。快將這個暗號解開，華生。」

「我試試看。」

我將寫有暗號的紙片移到手邊，其實卻一點頭緒也無。雖然我挺在意有被○與△圈起的地方，但是，先略過不想好了：

「如果直接照著發音，TURU（鶴）、USI（牛）、WANI（鱷）來唸，一點意義也沒有。如果是用音讀來唸的話，KAKU（鶴）、GYUU（牛）……這樣也沒有特別意義呀！（譯註：日文的漢字唸法分爲兩種：一是訓讀，是日本固有的唸法，在漢化的時候用了相同意義的中國漢字來作爲表記；一爲音讀，是在漢化時，由中國的唸法直接流傳下來的。）」

「喔！對了，在你放棄之前，倒想要請你教我一下鱷的音讀唸法。」

火村故意惡作劇地問我。當我正想回答他，不會唸那個字也是可以當推理作家的時候，警部幫我回答了：「是 GAKU。」

「對。是 GAKU 耶，和驚愕的愕唸法一樣。無論如何，好像與普通用唸的方法沒有關係。那我們先全體大致看一下，找出覺得奇怪的地方來驗證吧！也許在這樣作的過程會找到暗號的性質。」

火村點起了第二根駱駝牌香菸：「好，你快試試看吧！」

「首先我覺得奇怪的是，這裏出現的生物種類，看起來好像是和動物園有關係的暗號，魚，卻不知爲何佔了不小的比例。雖然有的水族館會和動物園一起，但是這個阿倍野動物園沒有。即使說水族館的生物也是當作主題在使用，但是好像沒有養鯨魚（鯨）的水族館耶！」

「這有關係嗎？太田善治先生是不可能以動物園和水族館中的生物名稱來做這個謎題的。如果眞是這樣，跟鯨比起來鼠和鯖那兩字不是更不自然。」火村很快地反駁我的說法。

「哎，先聽我說嘛！是的，的確如鱷和象一般，像是會飼養在動物園和水族館的動物比起來，鼠和鯖會混在裏面眞的很奇怪。但我想說的是，這個暗號上的生物，說不定是區分成『養在動物園的』和『沒有養在動物園的』。」

「但魚和鳥這種字彙要如何分類呢？根據種類，有分爲被養的和沒被養的對不對？」警部說。

「那個也是我在意的地方。鷹和鶴跟鳥這個詞彙放在一起很不自然，鯖和魚的表記也是。你不覺得這裏怪怪的嗎？」

被我反問回去的警部，像是不打算回答似地抿了抿嘴唇。

「我的疑問是想當然爾的。生物的分類方法有其階段。以下所記的是我之後去翻書查出來的，首先，最大的分類是門，分為脊索動物門、節肢動物門、軟體動物門；其次是綱，分為軟骨魚綱、爬蟲綱、鳥綱、哺乳綱等等，這就是我們平常會稱為XX類的族群；再細分之後是目，像哺乳綱的話可以再分為長鼻目和奇蹄目、鯨目等等。再其次是科，最後是種。

「接下來再舉出奇怪的例子，首先，『魚』是屬於『綱』分類時的唸法，但『象』是屬於『目』分類時的唸法。然後，『犀』很意外地是分在奇蹄目之中的犀科，所以是屬於『科』分類時的唸法。總而言之就是說，這裏的分類方法簡直是亂七八糟。就像小孩子一樣——『我喜歡的東西是草莓和蛋糕和水果！』——毫無主題的作法實在不是一位有常識的大人會作的事。」

「喂！等等喔，有栖。」火村插話了：「那為什麼龍（竜）會在裏面？」

我完全忘記了還有一隻完全是幻想的生物。但是我為了要趕快堵住他的嘴，連忙說：「是海龍科吧！」

「當作沒有龍這個字也是可以的。只是剛剛你說的全是一目瞭然的事情。總之我來下一個結論給你吧！要解開這個暗號應該是不需要動物學或是海洋生物學的知識。暗號製作者應是為了有TORI（鳥）或TAKA（鷹）這個字彙，也就是說那發音的本身，或者是它們個別的漢字形狀本身，才是具有意義的。』」

「你這個結論下得可真好啊！」

「這種理所當然的事，有啥好佩服的。」

我好像讓我的友人焦躁了，所以決定趕快繼續進行話題：

「我想我們可將火村總結的結論再縮小一下範圍。這個線索就在第三行的最後那個字『ワニ』。第一行是用漢字表記的『鱷』，在這裏卻是用片假名來表記。第二次這個字彙可能是故意不用漢字。就是說，問題不在發音，而是在文字本身。〈譯註：日文的「鱷」一字，音唸成WANI，中文意思是鱷魚，平假名寫成『ワニ』。〉」

喔喔！警部點頭。「原來如此，也許眞的是這樣也說不定。」

「對，用片假名表示一定有什麼特別的意義。」

「哇！火村教授也同意我的看法，眞是光榮呀！接下來我們就要找出各個文字有什麼附加的意義……」

但我的思路在此就打結了，雖然我想到什麼就說出來，卻沒浮現什麼線索。終於，警部打破沈默準備給我援助了：

「鷹和鶴字裏有『鳥』這個字元，鯉和鯨、鯖字裏有『魚』的字元。啊，鱷也是魚字偏旁喔！這裏會不會有什麼線索呀？」

「我深有同感。」基本上我也這麼覺得。

「『魚』字下面，有四個點。據說這是因爲魚尾的形象而造的字。」

哇！我眞是有眼不識泰山。警部的漢字眞強！

「這四個點在鳥和馬字裏面也有，不知他們有沒有關係。啊！『犀』字裏不是有牛嘛！」

警部繼續說。只是，然後呢？於是話題又停止了。

「會是筆畫數嗎？」我喃喃自語：「說到漢字我們就會想到漢和辭典。說到漢和辭典就會想到部首和筆畫數。」

「那數數看筆畫數看會想到什麼囉！」

火村還是一樣繼續沈默著，只有警部回應了我的說法。

「片假名的フニ先放在一邊不談，將漢字全部換成筆畫數吧！」

於是出現了以下的結果。

21 4 20 24 21 11 18 4 11

12 11 11 21 13 11 11 19 12

11 11 4 19 19

24 11 13 11 10 10 10

同樣都是十二劃的，有時是用象、有時是用犀，十一劃的有鹿、亀、魚、鳥四種，沒有一個感覺得出來有線索。

「最小的數字是4，最大的數字是24耶！」

聽到了警部的發言，我大叫了一聲：「也許是英文字母！」也許是在表示，各個數字分別是英文字母的第幾個字母也說不定。這個線索不是值得一試嗎？

「因爲它們都是26以下的數字。我們再來轉換看看吧！」

我一個一個用手指頭指著，將第一行的九個數字轉換後得到的結果如下：

U D T X U K R D K

完全沒有意義。因爲有X這個字的出現，完全將我的希望打滅。就算是用了Anagram——拆字遊戲——也沒用。

「光這樣好像無解。」

警部委婉地說。難得解謎進展到這個地步，我還想要在這個方向多推敲一下：

「也許有一些不必要的字或是部首混在裏面也說不定。不然我們拿掉剛才警部說的共通的部分來數筆畫吧，應該還可以再稍微動動腦筋。」

「也許是因爲沒有拿掉十二生肖裏出現的動物吧！」火村突然發言了。

「十二生肖？」

對於他那充滿自信的口吻，我嚇了一跳。十二生肖？原來如此，被這樣一說，在這暗號裏的生物之中，的確到處可見屬於十二生肖的稱呼。即使所表示的字元有些不一樣，但是閉上眼睛之後可以想到，有牛（丑）、鳥（酉）、鼠（子）、猿（申）、竜（辰）、馬（午）。數一下個數的話，有六個，所以不正是十二生肖的一半嗎，而且，還解釋到幻想中的動物，龍（竜）。

「那你是說拿掉了十二生肖，意義就通了嗎？」

我深吸一口氣，問道。好友火村卻冷冷地回道：「怎麼可能。」

「……什麼？」

「怎麼可能是用這個線索來解的呢？不然你試試看嘛！」

我將剛剛寫出來的英文字母重新排列。從最初的九個字母裏面我省略了牛，但是，——UTXUKRK。

「喂喂喂，在這種忙碌的時候不要開這種玩笑。」

我責備著，而他則是舉起一隻手說：「對不起啦！」眞不知道是不是眞心，他道了歉。

「在你深思的時候打亂思緒眞是不好意思。只是呀，有栖，要試幾次錯誤是可以，只是，我覺得這個暗號不需要用這麼麻煩的方法解題。」

「喔，怎麼說？」

火村突然一臉認眞地說：「前天，太田先生將這個東西給中糸先生看的時候說了什麼，記不記得？中糸先生不是只稍微想了一下就被說：『連你都解不開嗎？』的嗎？如果是用你剛剛的解法，即使中糸先生是日本第一的漢字博士，如果沒有紙跟鉛筆的話應該也是解不開吧？」

「……嗯。」

原來如此。

「總之，以我之見，這個暗號應該不是用那麼複雜的解法來解的啦。嚴格說來，應該就是那種知道的人一眼就可以看出來的謎題喔！」

我雖然同意他的說法，但也同時覺得很失望。因爲他這樣等於是告訴我，執著於英文字母，一下去掉一個字母呀，或者是斜著地來拼拼看的想法，都是沒有用的。

「那我一直絞盡腦汁想到這裏所說的一切，全都是白費……」

「不對，現在放棄還太早。也許等等會突然想起什麼。」

因爲警部突然站了起來，我一臉納悶地抬起頭。

「火村教授、有栖川先生。我們去休息一下吧！」

5

我們喝著警部從自動販賣機買來的紙杯裝咖啡，讓腦袋休息一下。就在這時，森下刑警走了過來。他還是個剛分派到一課半年，幹勁十足的菜鳥警察。今天他也是穿著帥氣的亞曼尼西裝。

「警部，找出疑點了。」

在這之前，他也有與火村和我一起辦案的經驗，所以他並不在意我們的存在，兀自報告。

「什麼？從被害人的公寓裏發現了什麼嗎？」

警部啜飲著咖啡詢問道，森下將兩手攤開，放在桌子上很爽快地回答：

「還沒有從公寓那裏發現什麼重大的東西。倒是被害人的哥哥、太田善一在署裏說了一些令人在意的話。據說善治曾說：『有隻金鶴在身邊喲！』之類的話。」

「什麼，勒索啊？」

警部的眼光銳利了起來。森下更是志得意滿地說：

「據說善一當時並未去問個詳細。但他發現弟弟從一年前購買新車時開始，花錢的氣勢變得不一樣，所以我們推測，如同警部剛剛所說的，他勒索某人的可能性很高。」

「花錢的氣勢啊！」

「是的。據說不只是新車，周遭也充斥著奢侈品，就連賽馬和賽艇的賭金也愈下愈高，不管輸多少都無所謂。」

「『有隻金鶴在身邊喲！』在身邊是重點呀，也許是同事喔！」

這已不只是同部門的餵食部人員，就連獸醫的緒方、和大家很熟的 ANIMAL 岡田應該也算在內——警部自言自語地在口中嘟噥著。

「嗯。太田善治手上握有某人的弱點，這一年來一直勒索了金錢。對方應該是氣得牙癢癢吧。而那位某人，在昨晚猿猴山的前面遇到太田善治，談話的時候怒氣爆發，而拿起身邊的重物毆打。不不，說不定也可能是事先計畫好的犯罪。無論如何，就是毆打了他。而後，將善治的身體越過柵欄往猿猴山下丟棄，是爲了讓他斷氣而作的……還是，爲了先掩人耳目而作的……」

「在辦公室集合的五個人之中，誰最有可能被勒索呢？」

對於我的問題，森下回答：「緒方醫師的薪水是最高的吧。ANIMAL 岡田現在正紅，所以應該也不會輸他。至於白鳥的老家聽說是持有土地的資產家，其他的中糸、乾調查一下的話，說不定也是同樣的結果。總之，就是說無法鎖定一人的意思。」

「但是被勒索的人也不一定是限於經濟能力最好的人吧？」

火村發言了。但我覺得這種事不容分說吧？也許是我的說法不好，不過我認爲，就算換個方向想，也不可能是個連小鋼珠的錢都付不出來的人被太田善治勒索。

「好啦好啦，那隻金鶴和該案到底是有關連還是沒關連都還不能斷定呢！」警部愼重地發言：「森下，關於那個方面，好好調查一下吧！」

「是！」幹勁十足的菜鳥警察很高興地回答：「還有……就是呀，警部——」

「我不是告訴過你很多次，『就是呀』這種無意義的字彙不要用嗎？」

「啊，對不起。」

聽說警部對於字彙的使用是很囉唆的。

「什麼事？」

「園長說他有事要告知。正在園長室裏等候。」

「好，走吧！剛好我也想問問關於園裏的人際關係有沒有什麼麻煩的事。火村教授，對不起，我先走一步了。」

「請。反正我們還要繼續一下我們的暗號解讀班的課程。」

船曳警部和森下刑警離去後，火村將紙杯摺了三摺，往遠處的垃圾桶丟去，漂亮投進目標。

「哇！看到了嗎？那可是三分射籃耶！」

我很天真地說了這句話之後，他突然站起來。

「要去哪？」我問。

「想去聽聽中糸郁夫的話。我在想，解開暗號的提示就在被害人對他所遺留的：『連你都解不開嗎？』那句話裏面。到底，暗號製作者是以什麼樣的心情說了那句話？中糸先生一定具有某項關於解讀謎題的必要知識或能力。我想去將這個東西挖出來。」

「我知道了。」我和他一同走出了餐廳。在往剛才去過的辦公室路上，我還是一直盯著暗號，在這同時，發現了一件事。

「火村，你有沒有發現一件事？」

「什麼事？」

副教授的他一邊看著河馬的水池在換水的樣子一邊問。園裏雖然空盪盪的，但是到處都有職員在工作。想當然爾，即使是休園日，動物們也還是要吃飯，而且好像還要去進行其他動物的移動與設施的盤點作業等等。

「那五位關係者的名字裏，也都有動物的名稱耶！」

火村還是繼續看著水池：「是這樣嗎？」

「嗯。白鳥梓是白鳥。緒方虎三是虎。乾令二是犬。ANIMAL 岡田雖然有點不一樣，但是 ANIMAL 不是就是動物嗎？」

「那中糸（Nakaito）郁夫呢？」

「將 Nakaito 作交換的話，就是 TONAKAI（馴鹿）了。」

火村吹起了輕短的口哨：「了不起！眞是個大發現！然後那又怎樣呢？哇！那你的名字有栖川有栖（Arisugawa Arisu）裏還有螞蟻（ARI）和松鼠（RISU）二隻呢！」

火村一定是在嘲笑我的職業病又犯了。他繼續調侃道：

「船曳（Funabiki）警部是魚類裏的鮒魚（FUNA）。那火村（Himura）英生……開頭的文字不就是狒狒（HIHI）嗎？」

「對！順帶一提，法月綸太郎（譯註：法月綸太郎（NorizukirinTarou），日本推理小說家）不就是麒麟（KIRIN）了。」

不行不行。趕快回到嚴肅的話題吧！

「如果你問我又怎麼樣了，我是無法明確回答的，但是，這個暗號裏總有一個，也就是指著某種動物的不是嗎？」當我說這句話時，視線注意到了園內的告示板。我將火村撇在後面，往那裏跑去。

「有栖。我先跟你說，這裏可沒有熊貓喲！」火村邊說邊靠過來，和我並排了。

「謝謝你的告知。但是這裏有 lesser-panda（小熊貓）你就不知道了。」

「管他熊貓也好。你到底是在調查什麼？」

當他這樣問我時，我的假設定論已經被澆熄了：

「我只是想看看在暗號裏出現的牠們，是被養在這個動物園的哪裏而已啦！說不定這個位置關係裏有什麼秘密之類的……。但好像沒關係哦！」

我只是想試試看而已，但是卻沒有任何影像浮現。利用動物園內的地理位置而做的暗號，這個想法明明還挺有趣的。

「別灰心了。反正又不是說如果沒解出這個暗號，世界上就會開始發生戰爭。加上警方的調查也是會多方面進行的。」

也許是我的表情太過於失望了吧。居然被愛諷刺的男人安慰了。

「謝謝你的溫柔安慰。」我說，然後我又說了件很在意的事：「暗號要告訴我們的，會是兇手的名字嗎？有沒有可能是，太田想要傳達他所抓到的兇手的弱點呢？

「該怎麼說呢——那個秘密是太田的搖錢樹，就算那還只是暗號的形狀，我覺得他還是不可能會在同事面前公布的？沒有道理呀！」

「原來如此。……但是，那個暗號是兇手本身也可以解開的嗎？還是，兇手也一樣是解不開，需要想很久的呀……」

連這點都搞不清楚。我深深覺得解著無解的謎題實在是很不愉快的事。

「不要想到頭痛欲裂的程度喔！先不說這個，中糸郁夫在那邊呢！」

火村指著從類人猿房舍出來的中糸。他好像也注意到我們了，我們一邊揮手一邊靠近他。

「眞是剛好。我正想去找你聊聊呢！你們已經可以解散了嗎？」

肌肉男的餵食部人員回答：「沒有。

「還沒有呢，只是因爲沒有說不可以離開作業員休息室，所以我過來看看 GONTA 的樣子。」

「牠還好嗎？」

「嗯，已經好很多了。」

那雙眼睛充滿著對動物的愛情。我對於可能是兇手的他覺得很親切。

「對了，中糸先生。我想要繼續先前的問題。爲何太田先生會對你說：『連你都解不開嗎？』這句話，我想要多瞭解一下。」

「要繼續先前的問題？」他用眼睛示意旁邊的長椅：「那我們坐著聊吧！」

火村在正中央，我們一同坐了下來。這裏可以看到北極熊和企鵝的水池在進行換水的景象。

「我所想的是，解開謎題的關鍵握在你手上。你是不是有什麼能力和別人不一樣呢？」

「哪有哪有，沒有這種東西啦！」中糸微笑回答。

「在此我們先將謙虛丟在一旁。不用想得太複雜。你應該有什麼特長吧？不一定說是作某件事時技術高超，而是說有哪方面是你擅長，而且瞭解很多的也可以。有沒有想到什麼呢？」

中糸這時已經笑不出來了：「你問的問題很難回答耶。因爲當你問我：『應該有什麼特長吧』時，我只能回答：『沒有，完全沒有。』就算你說將謙虛的美德丟在一旁，但是我實在是沒什麼東西好驕傲的。對於照顧動物這件事，一般來說算是特殊能力了吧，這個算是我最擅長的了。」

「還有其他的嗎？請你再想想。那你的興趣是什麼？」爲了挖出尚未具體的東西，火村也豁出去了。

「因爲我是那種沒技術也沒興趣的人。……履歷表的興趣欄位我也只會寫旅行和閱讀而已。」

「不過你的體格不錯，是不是有在作什麼運動？」

「沒有。只是以勞力的工作居多，多多少少都會有肌肉吧，我沒有特別作什麼運動。學生時代起就這樣，現在也是。」

「是不是有什麼獨特的體驗？」

他稍微想了一下說：「還好吧，我沒和太田說過類似的話耶！」

「那，你的家族有沒有在作什麼跟一般人不太一樣的職業呢？或者是說，中糸先生你的周遭有什麼特別的人物？還是你住的地方是什麼稀奇的場所呢？」

「這些問題的答案都是一樣的。我沒有想到什麼特別的，當然，也許從他人的眼光來看，多多少少會有些不一樣，但是，就太田所知道的範圍內應該是沒有的。」

「那，你的出身是？」

「大阪市內。從一出生到高中畢業，我都在針中野。」他微微笑：「我倒是想請你們告訴我，針中野有什麼特殊的地方呢！」

火村往我這兒瞄了一眼，但是，關於針中野——這裏又是一個什麼東西都沒有的地方——我實在是無話可接。

「那麼最近有沒有什麼體驗是和太田先生共有的呢？微不足道的事情也行。比如說看同一個電視節目呀、看同一本書之類的話題呢？」

中糸思考了將近一分鐘。結果只得到了否定的答案：「應該沒有。基本上我和他很少兩人單獨對話，而且休息時間的閒聊都一定會有其他同事加入。」

但是火村還是沒有放棄。

6

「問題是，」火村一字一字仔細地說：「太田先生他覺得你有特殊之處。就算不是眞的也好。例如，你說：『我會說法語！』之類的玩笑話，他也許當眞了也說不定。」

這時的中糸看起來已經完全失去耐性了：「我不知道。照你這樣說，我實在是無法負責任地回答。我怎麼可能會記得所有和他說過的話！」

火村沈默了，抽出一根駱駝牌香菸，慢慢地抽著同時思考了起來：「我記得，昨晚十二點的休息時間，你們聊著興趣的話題對不對？」

終於好像找到重點了。

「……對！」

「那時你說了你的失敗旅行。還有，剛剛我問你，你的興趣是什麼的時候，你說是『旅行和閱讀』。不是『閱讀和旅行』，是『旅行和閱讀』喔。如果興趣是旅行，的確很多人都會覺得那和沒有興趣一樣。但是，你的情況，是不是眞的和平常人不一樣，旅行的次數比較多呢？」

「我是沒有你說的，和平常人不一樣。我只是春夏秋冬每一季，都會作一次三天到一週的國內旅行，國外的旅行我就沒去過了。」

「春夏秋冬各一次的話，嗯，算是很頻繁了，不過的確是不至於和平常人不一樣。那你有沒有比較特別喜歡去的地方呢？」

「我每次都會換方向到各個地方去。古寺巡禮、歷史探訪、天然紀念物探訪、味覺之旅、溫泉之旅。什麼都有。不過，還沒有達到可以自稱爲旅行評論家的地步啦！」

火村在這邊稍微將話題打斷，準備開始思考詢問下一個問題。可是，中糸提高了音量說：

「饒了我吧！我頭開始痛了。而且還很想睡覺昏昏沈沈的，我——」

「對喔。眞不好意思。」

火村道了歉。中糸好像心情被破壞了般，開始發起牢騷：

「眞是受不了。今天本來預定要在上班前去汽車練習場的，現在已經是睡眠時間被打亂，必須將行程取消了。」

火村抬起頭：「汽車練習場？」

「再過一陣子我就可以拿到暫時駕照了，所以不想浪費時間。」

「你還沒有汽車駕照嗎？」

火村很意外地問道。中糸略有怒意道：

「對，還沒有。照這個年紀來看也許是件很奇怪的事，但是我一直以來都是因爲沒有時間。」他站了起來，「我累了，就到這邊吧！」

看著他離去的背影，火村說：「謝謝你了。」之後，啪地拍了一下手，對我說：

「走吧，去圖書館。」

「什麼？」我反問：「有要調查的東西了嗎？」

因爲這實在是很唐突的提案。

「嗯。我還不太清楚，只是說不定……」

火村突然話說了一半就停下。順著他的視線看過去，可以看見在獅子的運動場附近有人圍在那裏。火村大步地往那邊走去。在人群之中看到了森下刑警的身影。岡田也在。

「有發現什麼嗎？」

火村對著那個背影問道。刑警轉過身來：

「教授，兇器出現了。雖然只有一點點，但是上面有發現疑似血跡的痕跡。」

雖然有看到他的臉頰上好像被什麼東西刮傷，不過還是先聽發現兇器的報告吧！

「喔，在哪裏？」

「在那邊，你看。」

在森下回答之前，模仿大師已經用手指指向鐵柵那邊的深壕溝。在沒有水的底部，有數名刑警圍繞著兇器現場。有問題的東西好像是一個長一公尺左右的棍棒物。不對，與其說是棍棒……

「看起來好像是園內壞掉的木柵欄的一部分呢！」我邊瞧邊說。

「好像是這樣。使用現成的東西當作兇器。如果和屍體一塊丟入猿猴山裏應該很快就會被認定是兇器，所以是稍微拿到遠一點的地方丟棄。」

「不過，被丟在這種地方，你們還眞是會找呢！」

岡田深感佩服地說，森下挺起了胸膛說：

「搜查是要作到滴水不漏的。」

「眞不愧是刑警。要作到從猿猴的毛裏挑虱的境界對不對。」

森下很認眞地回答：「是的。」

「藝人是很辛苦的，不過我深深瞭解，刑警也眞的是很辛苦。像我們，可是還沒有被猿猴抓傷過呢！」

我指著森下臉頰上的傷口說：「森下先生，這個傷口……是被猿猴？」

他害羞地搔搔頭：「在調查猿猴山的時候不知不覺被抓傷的。當時剛好是在爭東西啦，因爲有位搜查員說有隻母猿手上握有東西，我心想也許是和此案有關，所以就追著那隻猿猴跑。哎呀，稍微造成了一股騷動，除了我之外，也有人的手被抓傷，或是在岩石場地上摔跤擦傷了下巴等等的，堂堂的大阪府警可是遭到了痛擊呢！」

那可眞是錯過了精采的。

「那，那隻母猿手上拿的是什麼？」

「牠最後是被工作人員抓到的，結果掰開牠的手一看，鬼太郎的單眼父親滾落了下來。應該是小孩子掉落的東西吧，一個橡膠的小玩具。」

「那可眞是白忙一場。」

「當那邊的滑稽鬧劇告了一個段落時，這次換獅子的前面騷動起來。不過這邊是出現了兇器，算是一個有成果的騷動就是了。」

與鬼太郎的單眼父親比起來，這邊的確是有意義多了。然而——

「然而，那樣的兇器，並無法成爲鎖定兇手的條件呀！」

我說著澆冷水的話，火村則簡單地回答：「對呀，沒錯。」

「所以才要解開暗號呀。」

「在圖書館嗎？」

「對。眞實的光會從那邊照射出來——吧？」

「喔，發現瞭解開事件的關鍵了嗎？」

岡田毫無顧慮地將臉湊過來火村和我之間。

「還不到公開發表的階段。」火村無所謂地說：「對了，你的工作不是會到日本的各處旅行的嗎？」

對於這個奇怪的問題，岡田愣住了：「嗯，算是吧。雖然我現在是關西的 AMINAL 岡田，不過我很期待可以蛻變成爲在拉斯維加斯也很知名，世界性的 ANIMAL 岡田，所以現在先不管是日本的哪裏我都會去。」

「那，那個暗號，對於這樣的你有什麼想法嗎？」

「你說的……是什麼意思？」

岡田本人就不用說了，連在一旁的森下也是一副怪異的表情。

「如果沒什麼想法也沒關係。眞是抱歉了。」跟往常一樣，副教授迅速地先走了一步。

「知道答案之後會再報告的。」

我代替了火村，向森下刑警丟下這句話之後，趕緊追上我的友人去。

對於人類的騷動，百獸之王一臉無聊地望著。

圖書館位在和動物園相鄰的天王寺公園裏面。我們通過大門，快步往那邊走去的我反而什麼都沒問。因爲我想猜猜，從剛才對中糸的如「二十道門」的提問結果，火村想到了什麼呢？（譯註：二十道門（Twenty Questions）是一種提問方法，是利用連續提問的方式，縮小範圍，找出答題者心裏所想的答案。）

連到處在日本旅行的你都不知道嗎？對著岡田說這種如謎語般的問題是有什麼意義嗎？去了這個國家的哪裏才會回答這個問題呢？

但是，在合理的解答出來以前，我們已到達了圖書館。既然都來到這裏，也只有安靜地守護著火村，看他到底要調查什麼。

「我想看地圖。」不用我問，火村先說了。

「看地圖作什麼？用那個就可以解開暗號了嗎？」

「說不定喲！」他好像已經知道的樣子，不斷往裏面走去。

「我的想法很單純的。被說：『連你都解不開嗎？』的無技藝先生、中糸先生的唯一興趣好像是旅行。喜歡旅行的人，對於地理、地名應該很瞭解吧。正因如此，我才認爲應該有什麼線索，事情就這麼簡單。」

這間圖書館我也經常利用，但因它所在的地方有，被稱作愛鄰地區的單日雇用勞動者的街道，也就是俗稱的釜之崎在後面，所以這裏漂盪著一股獨特的氣氛（譯註：愛鄰地區（釜之崎）位於大阪市西成區新今宮車站南側，是個聚集著來自日本各地，從事土木建設業等的勞動者的街道）。因爲可以隨處看見那些整天忙於工作的男人們聚精會神地閱讀的樣子。有在找尋各式報紙和雜誌的，有坐著沈迷於閱讀歷史長篇小說的，有與專門歷史書籍和哲學書籍搏鬥的，也有拿了一系列的書堆放在桌子上，熱衷於個人興趣的研究者。跟那些只會在圖書館自習室裏，塡著問題集的準考生比起來，他們可是更有效地利用圖書館呢！我個人很喜歡看人們認眞閱讀的樣子。所以我喜歡這間圖書館。

進入閱覽室的火村，才將手伸向大張的日本地圖，就放棄了。

「怎麼啦？說到地圖，那可是最詳細的。」

也不管我說的，他來了個急轉彎，往雜誌區走去：「跟地圖比，找這裏的應該比較快。」

他像是和書架搶東西似地，抓出了當月號的時刻表：「中糸沒有汽車駕照。所以他的旅行一定都是鐵道之旅。對於這樣的人來說，地名就等於車站名吧！」

火村滔滔不絕地邊說邊翻開了頁面，打開了在卷頭的鐵道地圖。

「有栖，你知不知道有出現鰐這個字的地名？」

「我知道一個。應該是在青森縣附近，有個叫作『大鰐』的。」我回答。

「我也是只想到這個。」

火村的目標頁面是東北地方的鐵道地圖。我盯著他那伸得直直的食指，在紙面上滑行。

「有了。大鰐溫泉。從弘前算起，靠近秋田的第二個車站。」

眞的是在青森縣境內。

「其次是象了。知道有什麼車站名有象這個字嗎？」

我一時間答不出來。火村指著說：「就是這個了。」的車站名是一個意想不到的名稱。

「象潟（KISAKATA）……」

想像宮城縣、松島的絕景，海水乾枯後的景象，就是秋田縣、象潟的奇景了。那裏可是松尾芭蕉評爲：「如松島會笑一般，象潟會遺憾」的風景勝地呢！

「原來如此。都不知道在這裏的象原來並不是念 ZOU。」

「好啦，往下繼續囉！聽到鯖的話？」

這個我就知道了。我可是從學生時代就比平常人還常去旅行，也寫過時刻表推理事件。

「是鯖江。」

火村翻開頁面，指著在福井縣內，寫著「鯖江」的小字，之後稍稍移動了指尖。那裏有個「北鯖江」。

「跟我想的一樣。鯖有兩隻並排呢！」

他的嘴角浮現些許笑意。應該是因爲確認了自己所找的路是正確的關係吧。之後他又回到了東北地方的頁面。

「準備好了嗎？有栖。從最初的地方開始看喔。從本州最北的大站『青森』開始，經由象潟到鯖江。」

他的指尖循著奧羽本線的路線走。然後，過了兩個車站，出現了令人欣喜唸出的「鶴之坂」站名。在那之後的第五個是撫牛子這個難讀的站名。

「牛之後鰐。好，讓我們來看看吧！」

他指尖停的下一個地方是秋田縣的「鷹之巢」。我不經意地發出聲音唸了這個名稱，這時指尖再更往頁面的左——南——方前進。

「喂，出現了出現了。」

火村很興奮。之後，我們繼續找出了依序出現的包含有動物名之文字的車站。站名如下。

鶴形、鹿渡、鯉川、羽後牛島、羽後龜田、象潟（秋田縣）、女鹿、南鳥海、鶴岡、鼠之關（山形縣）、龜田、長鳥、鯨波、犀潟、糸魚川（新潟縣）、魚津（富山縣）、牛之谷、北鯖江、鯖江（福井縣）。

老鼠（鼠）呀鯨魚（鯨）的，連犀牛（犀）都有。

「這根本就是一個動物園嘛！」

7

根本就不用去確認紙條，就可知道，所出現的動物名和它的排列順序都沒錯。這樣的一致性不可能是偶然的巧合。我們成功地從深深迷霧中找出了線索。不過還是有不少疑點。

「片假名的フニ不知道是指什麼？沒有這種車站名呀！」

「有的。你看。」火村的指尖從鯖江南下走到湖西線。然後指向某個車站名停住了。上面寫著「和邇」。

「這個就是フニ了。你會唸嗎？小說家。」

不是我不認輸，而是我眞的會唸。而且我還知道，這個乍看之下有點風格迥異的地名，是由出現在奈良時代的歸化人士的姓而來的。不是我沒有知識，而是因爲欠缺了注意力而看漏了。

「這個和邇，雖然字不一樣，但是發音完全一樣，身爲暗號製作者的他可能捨不得將這個地名放棄不用。所以就故意用片假名來取代，應該是這樣的吧！」

「從鶴到フニ都找到了，實在可喜可賀。」我催促他繼續解題：「那，現在請你告訴我剩下的鷹到馬在哪裏吧！」

「我現在要開始找了。剩下的七個他換行寫了。所以應該是別的線路。我想，這裏應該也是車站名，但是因爲沒有像鰐那樣有個性的文字在裏面，所以我一時還沒有想法。」

「我是不知道有鷹字的車站名在全國有多少，不過我最先想到的車站名是『鷹取』。」

那是從山陽本線的起點、神戶開始第三個車站。我一邊想著，這條線路上會有猿呀、鹿什麼的車站名嗎？一邊繼續看下去，卻在往西的第十二個車站，「魚住」停住了。

「再更往西邊前進的話，雖然有個『龍野』，但在這之中卻沒有鹿呀、猿呀、馬的車站名。往東前進的話……也沒有。」

「不行了，這個。」

「鷹是錯的啦！」火村翻開了下一頁：「你一直在想著關西，所以才會說出鷹取。如果是我的話，我第一個想到的是『三鷹』呢！」

他開始在中央本線上開始尋找。進入了山梨縣後沒多久，就發現了「鳥澤」和「猿橋」並列。火村吹起了愉悅的口哨。

「中了頭獎啦！如果是這條路線，應該連終點都會一樣呢！」

之後發現了，初鹿野（之後，車站名已經變更成甲斐大和）、龍王。還剩下兩匹馬。火村的指尖繼續前進到小海線的分歧車站「小淵澤」，又毫不猶豫地往中央本線繼續向上前進。才剛在鹽尻換入篠之井線時，立刻又在松本切入大糸線切換。走到了這裏，我也找到了他用眼神告知的終點車站。

「『白馬』。下一個是，『白馬大池』。坐了這一趟長程的車，眞是辛苦了。」

我們也終於知道，對謎題有興趣的餵食部人員，是以什麼爲基準，排列出動物呀魚的暗號了。但是，不用我多說，我們的解謎之旅還沒結束。

「現在我知道了他是以鐵路的車站名爲主題。這應該是沒有錯的，只是，這就是解答了嗎？如果太田先生還活著的話，跟他講這個答案之後，他會說：『答對了！』然後請我們吃飯嗎？」

「你覺得他會請我們吃飯嗎？」

「不覺得耶，」應該是不行的吧：「如果這個就是解答，他應該不會在快死的時候還從口袋拿出這張紙片握住的。」

「對。所以就是說，這個暗號還沒結束呢！」

雖然我們現在已經知道了動物和魚的由來，但是，這個暗號裏還留有部分的用意沒有解開。那就是五個○和一個△的用意。

「有這些記號的車站有哪些呢？」

我唸了出來：「嗯，○的是鷹之巢、鶴岡、糸魚川、魚津、白馬。唯一的一個△是白馬大池。這有什麼關連呢？」

「○和△有什麼不同我是不知道，不過這幾個都是乘客數比較多的車站，或者是說和其他路線的轉乘站。這該不會是……」

「特急列車的停車車站！」

我大聲叫了出來。周圍的閱覽者莫名其妙地往我們這邊看了過來。

「對。在出現了動物和魚的路線上，在其停車車站做上記號表示的是兩條特急列車啊。這次終於解開了。」

我看著火村的嘴角露出了滿意的笑容，我也跟著微笑了。但我還是完全不瞭解火村剛剛所說：「這次終於解開了」那句話的意義。

「好，接下來我們要看的是那個特急列車有什麼用意。」

對於我說的這句話，他很震驚地別過頭看我：

「有栖，你還沒進入狀況嗎？」

「進入狀況是什麼意思？不是還差一點點，關於太田先生為什麼會想在死亡之前遺留特急列車的名稱，難道這不用說明嗎？」

「那當然是他想遺留下的訊息呀。因為那就是兇手的名字。你不是那位寫了時刻表推理事件的推理作家老師嗎？那請你說說看這兩條特急列車的綽號。」

說到從大阪出發往青森直行的特急列車，首先是寢台特急的「日本海」，再來就是——

「白鳥……」當我脫口而說出的時候，震驚了一下。

「對，可唸作『HAKUCYOU』、『SIRATORI』。那，另一條的特急也請你說一下，老師。」

我嘆了一口氣。「是『AZUSA』。〈譯註：AZUSA的日文發音轉為漢字→梓〉」

火村點了點頭。「兩個加在一起，不就是『白鳥梓』這個名字嗎？這不就可充分說明瀕臨死亡的太田先生為何要用盡他所有力氣，從口袋裏拿出並握住的理由了。因為它就是兇手的名字。」

我眼前浮現出太田一邊微笑，一邊得意地觀看暗號的樣子。就是那一種，這裏面所隱藏的可是同事的名字呢，卻沒有人發現，眞是好玩的樣子。

確認了一下，用○和△表示的「白鳥」和「AZUSA」的停車車站後，立刻就看出了這兩個記號的區別。△的白馬大池，是季節列車的停車車站。

「好啦，之後就是要開始正式的搜查行動了。首先，要抓出白鳥的金錢往被害人那邊流動的證據。然後還要找出他到底是有什麼樣的弱點被抓住。」

「總之，都不是推理作家出場的範疇。」

我一邊說著一邊準備將鐵道地圖闔起來時，發現了一件奇異的事。稍微延長一下從新宿站——白馬大池站的路線後，會連到糸魚川站。而連結大阪站——青森站的「白鳥」號，會和連結新宿站——白馬大池站的「AZUSA」號在糸魚川站接上。但是，並不只是單純接上而已喔。不過也許只是碰巧的偶然，這二條路線所顯示的，是這個地面上最危險的動物的名稱：

人。

（車站名等等是以一九九三年三月號的「時刻表」爲基準）

天棚的散步者

1

手錶的針，正準備指向晚上十一點。

在車站旁那黑暗的自行車停放處，高津眞希子深深嘆了一口氣。早上停車的地方，自行車不見了。明明在前面和後面都狠狠鎖上兩個鎖，居然還會被偷走。這三年裏已有兩次被偷的經驗了，眞令人受不了。爲了確認，她很認眞地張大眼睛在停放處內巡了一圈，卻一無所獲。

「眞是受不了，居然在這天發生。」

她再度嘆了一口氣後，決定放棄，準備要走路回家。今天參加了同事的結婚退職送別會，跟平常不同，回去的時間晚了些，自行車卻在這天被偷了，眞是倒楣透了。眼看剛才所擁有快樂時光的餘溫逐漸褪去，胸口的深處有一股與其說是不悅，還不如說是接近憤怒的情緒滾滾升起。又不是老義大利電影中的世界，這種偷自行車的小偷，一定沒有任何的罪惡感。那種人一定欠缺了什麼身爲人類應有的東西。也許在法律上，這不算什麼重罪，正因如此才更不可原諒。

這樣的長考並未持續多久，因爲大約走了五分鐘之後，周遭就看不到商店和人家。右手邊是用刺馬鐵線隔開，令人毛骨悚然的漆黑空地，左手邊是一段水泥建造的高高河堤。因爲河堤上是小學和兒童公園，這種時間裏早就沒有半個人，總之一片寂靜。平常多少都還會有一些往同一方向回去的人，現在卻一個人影都沒有，只有自己的高跟鞋踏在路上的聲響。雖然街燈亮著，一旦眞的發生什麼事，卻毫無用處。她感覺到緊張的心情已滲透到鞋跟發出的聲響裏了。雖然在這之前也有幾次晚歸的經驗，可是，只要奮力騎自行車衝過寂寞的夜晚道路，也就不會那麼可怕。

——繼續走吧！

只要再過了兩百公尺左右，就會出現一排排的住宅區。她想一口氣跑到那裏。卻又覺得一旦跑了出去，會驚醒什麼危險的東西，所以她又猶豫了，只好安慰自己，誰說獨行的年輕女子在晚上就一定會遇到不好的事呢。

但是——

別說是安心了，很快的，她就想起了不吉利的事。那就是在這半年裏，大阪府南部陸續發生的女性連續殺人事件。被害人都是二十歲出頭的女性，三人被殺，與四起已經確定的未遂事件。在今天的午休話題裏，眞希子才和跟她一樣都住郊外的後輩談到，當時還說很可怕喲、要小心。雖然事發地點並不是這個路段，但是以距離來看，頂多也相隔不到十公里。她無意識地咬緊嘴唇。

飄著冬天氣息的風吹起，吹亂了她得意的烏黑秀髮。風從她的肩膀往上吹起秀髮令她不禁想到更糟的情況。根據電視新聞與報紙報導，包括既成案件與未遂事件，被害人全都是留著一頭長髮。而且被殺三人的頭髮可是很殘忍地被剪裁掉一段兩段的。可見兇手對女性的長髮情有獨鍾。這樣一想，不禁發現自己現在的處境堪慮。

風繼續吹起秀髮飄揚。

還是用跑的好了，但是，只要再五十公尺左右就可以到比較有一點人氣的地方了。正當她躊躇不定的同時，「敵人」那邊已經開始行動了。眼前突然跳出一個男子。他好像是躲在電線桿旁，那被丟棄豎立的小鋼珠店看板的後方。戴著毛線帽的臉赫然出現在眼前的恐怖感，讓她驚聲尖叫了起來。但是男子以敏捷的身手勝出，戴著手套的手粗魯地捂住她的口，另一隻手則狠狠抱住她的腰。

怎麼可能，這怎麼可能。眞希子突然覺得自己被惡狠狠地丢入惡夢中。絕不可能發生在自己身上的事情發生了。難道自己會在這裏莫名其妙地被殺嗎？一想到這，有那麼一瞬間，腦海裏不只是恐怖感和憤怒，還浮現了滑稽的念頭。

男人斜斜抱著眞希子的身體，準備往空地拖去。不知是已事先調查好了，還是因爲準備周到，刺馬鐵線那邊有一區寬約一公尺的地方是被切掉的。男人依舊無言，耳邊只聽到他粗亂的鼻息。

「救、救命啊！」

如果被拖進空地就沒望了，眞希子想著，於是她使勁全力，雙手壓住那粗魯男人的頭。不知男子是否因爲脖子疼痛，而低沈地呻吟了一聲。她因而勇氣大增，全身彎曲頑強抵抗，並成功地將男人勾在腰部的左手推開。她直覺反應，這男人的腕力好像不怎麼樣。

「是誰！」

鬆開的嘴巴大叫起來，但是男子隨即又撲過來。在那一瞬間，她的腳踢了出去，穿著高跟鞋的右腳有如鮮明的拳擊畫面般，往男人的身軀擊去。

這次男子不只是呻吟了，他：「愣！」地發出痛苦的聲音。其實也不是故意瞄準的，她好像正巧踢中了他鼠蹊間的要害。

「有色狼，救命呀！」

看到男子蹲下的眞希子，大聲地邊叫邊跑了起來，一臉驚魂未定，擔心著從脖子後方被偷襲的恐怖，一頭亂髮地拚命逃跑。當她發現右腳鞋跟斷掉時，已經是飛奔到最近的住家，請那裏的屋主通報警察的事了。

2

那是一個連早餐都還來不及享受的時間。

躺在客廳沙發上的我，正埋首看著出版社給我的同業們的新書。反正也沒有可怕的截稿日在眼前，所以就決定要將未讀的書全部一口氣看完。當我正覺得他人的作品寫得眞好、佩服不已，並抱持著謙虛的心，反過來深切體會到自己的作品是那樣不周全的時候，電話鈴聲響了。

「有空嗎？」

是火村英生粗野的聲音。他是我大學時代的朋友，研究所畢業至今還留在學校，在兩年前、卅一歲時當上副教授。專修犯罪社會學。我沒必要拍他馬屁，不過只是如實寫出他優雅的行事風格。

「現在我在大阪府警察署。正準備要去殺人現場，你要來嗎？」

雖然是很唐突的問法，但這是我和他之間常有的事。火村教授自稱是 field work（實地考查），被認可准許參與警察的搜查活動，而推理作家的我，則是告訴自己，以不將這些情事作爲寫作題材爲條件，而一起參與活動。

「大事件嗎？」我試著問。

「很大。LL size。」

並不是將事件當研究對象鬧著玩，他的語氣頗爲沈重。我回答他我要去。

「我還會在這裏待一陣子，所以就先過來船曳警部這裏。你開你那老馬過來吧！」

於是我鞭打著那輛被比喻成老馬的破爛青鳥，立刻往面對著大阪城的大阪府警察本部駛去。從我那夕陽丘的大廈過去不用十五分鐘。因爲有多次拜訪的經驗，所以不會迷路，安全到達搜查一課第一部門。

站在船曳警部桌子旁邊的火村輕快地舉起單手。由於他總是穿著那件白色外套，所以我也立刻就認出他來。矮胖的警部也以同樣的動作向我打招呼：

「哦！好久不見，有栖川先生。是自從動物園事件以來呵！」

「嗯，今天好像又是一起大事件。」

說這話的同時，我突然想起了，警部在私底下被取了個「海坊主」的綽號，因而不斷地邊瞄著他那完美的禿頭邊說話。〈譯註：海坊主，日本民間故事中，海裏的裸身大眼禿頭妖怪。〉

「是殺人事件。前天晚上，身爲一間公寓房東的老爺爺被殺了，嗯，如果只是這樣的話還算是普通事件，但現在我們發現，這起事件的背後好像還有別的大事件捲入。」

船曳警部將兩手的大拇指勾在他那註冊商標的吊帶上，摩擦著背部吱吱咯咯作響。

「我在昨天的晚報上有看到你們說的，公寓老爺爺他殺事件。那是在道明寺的附近嘛！那麼你們說的背景是什麼呢？」

我問，火村雙手抱在胸前回答：

「今年春天開始，和泉市和河內長野市不是有女子連續遭襲的事件嗎？好像是和那起事件有關連。」

「啊，那個啊……」

那是一起一直在電視特別節目和週刊雜誌不斷被報導的事件，目前已有三人遇害。未遂事件也有四、五起，但那些目擊證詞對於搜查的進展毫無幫助，到現在還只是推斷出兇手是年齡在二十到四十歲前半段的男性。其實這也無可厚非，從極端危險情況中逃脫出來的女性，證詞都很含糊，因爲她們其實也只記得那人身高是高還是矮。該案已在社會上造成話題，據推測，犯行會繼續發生，所以已造成了年輕女性的拒絕加班，以及減少夜晚出遊的傾向。當然，對於到現在都還沒找到任何跟兇手有關線索的警察當局，強烈的指責聲浪也扶搖直上。

「那也就是說，被殺的老爺爺疑似是那位暴行殺人犯，之類的嗎？」

「不是那樣。」火村字正腔圓地說：「被害人的年紀是七十歲。這和到目前為止，經由證詞所描繪出來的，連續殺人事件的兇手有差距。此人並不是兇手，他有可能是因為知道兇手的眞面目才被殺的。」

警部兩手拍著桌子站了起來。「好啦，詳細的情況我們在車裏談吧！現在要去事發現場了。」

「坐你的『青鳥』喔？」火村說。

警部好像是因爲從連續殺人事件搜查小組的搜查官那裏得到情報，而在今早來到大阪府警察本部的。等火村坐上副駕駛座，警部拿著裝有資料的信封袋坐進後座之後，我就往南邊開車出發。

「首先，我針對道明寺的事件概要說明一下。被殺的人是五藤甚一，七十歲。是 HAPPY CORPO 的房東，哎，說是 CORPO，其實是棟有名無實的木造灰泥公寓〈譯註：CORPO 是日本對於鋼筋建造的出租公寓之簡稱，從英文的 corporative house 而來〉。他本人也住在那棟的一樓。六年前妻子去世。平常的興趣是賽馬和看電視，人際關係好像不太好，爲人很冷淡，但是他的房客裏也有人說：『因爲他不囉唆，所以是個好房東』。」警部說。

我默默聽著。

「在現在看來是很稀奇的一層樓的平房型公寓共有八間房，其中兩間是五藤自己使用，剩下的六間裏有五間出租給獨居的年齡不一的單身男性。五人裏有三人是附近的大阪理想大學的學生，另外兩人分別從事補習班講師和自由業。學生之中有一人因爲哥哥受了重傷，一星期前返鄉去了。我們現在去事發現場的話，可以跟剩下的四人見面面談。」

五藤甚一屍體的發現經過是這樣的：

——昨天，十一月二十日上午八點過後。房客之一的田中芳信爲了還攜帶式電視機給五藤，在門外向屋內叫了很多次但沒有回應。心裏正納悶，推了推門之後，門竟然沒有鎖而被推開了，又因爲裏面的拉門是開著的，可從鋪著木頭地板的隔間看到內側的房間。然後，與其說是有人倒在那裏，還不如說是看到了有人趴在那兒。正疑惑怎麼睡覺不蓋被，而且出聲叫喚也不應。於是他說了聲：「打攪了」之後踏進室內一看，躺在那裏的竟是面目全非的五藤，事情的經過就是這樣。

「死因是毆打頭部正面的腦挫傷。推定死亡時刻是前天晚上、十九號的深夜十一點到二十號的凌晨三點之間。兇器是長六十公分、直徑三公分的鐵管，當時滾落在事發現場的榻榻米上。像是在附近的空地上撿的，有生鏽，至於指紋則沒有發現。無法找出來源。」

「現場有沒有打鬥之後的痕跡之類的？」我提問。

「幾乎沒有。因爲是個沒有什麼東西的房間，即使略有爭執，應該也不會留下什麼痕跡。」

後照鏡中的警部一邊捏著他雙層下巴的肉一邊說：「如果說是竊賊犯案的話，卻沒有翻箱倒櫃的跡象，也沒拿走現場約七萬日圓的現金。而且，在我們的深入調查中，並未發現被害人被特定人士怨恨。如果說是和哪位房客發生口角，對方突然衝動而毆打致死的話，兇器就很不自然了。因爲生了鏽的鐵管這種東西根本沒有理由是原本就在現場的。所以可嗅出計畫犯罪的味道。正當我們決定將深入調查的方向朝向私底下或許有和某房客發生衝突著手時，卻在昨天傍晚發現了意想不到的『東西』。」

因爲旁邊有一輛喧囂廣播的右翼團體宣傳車，警部忌諱地瞪了那邊一眼之後閉上嘴巴。火村冷笑道：「原來是鶴田浩二的後援會呢！」而我則是奮力踩緊油門，將那輛刺耳的宣傳車拋在身後。

「那個『東西』呀，」警部繼續說：「是被害人五藤甚一的日記。如果是放在桌子抽屜裏，應該是立刻就會被發現，但卻是藏在一個很怪異的地方。是從被殺害的那個房間屋頂天棚的內側裏找出來的。」

儘管日記是不欲人看到的東西，但他又不是思春少女。將日記拿去天棚內側放，的確是太細心了。加上五藤是獨自生活，應該沒必要那麼作吧，我想。

「你們可眞會找。」我說。

「其實是因爲壁櫥角落有一片天花板的位子偏了，我們就好奇是不是有什麼東西，於是拆開板子調查了一下，發現了兩本我們常見的大學筆記本。翻開第一頁一看即知是被害人的日記。第一本最初的日期是今年的一月七日。第二本最後的日期是十一月十八日，也就是被殺的前一天。這到底跟思春期的女孩一樣偷偷摸摸地作了些什麼呀，一看之下，哇，將我們大家都嚇得目瞪口呆。」

鏡中的警部，眼睛都快掉出來了。

「那裏面記錄著五藤甚一的奇怪興趣。他居然喜歡在天棚走來走去，從木頭的節眼偷窺房客的生活。」

「在天棚？那不是和鄉田三一樣嗎？」

我隨口說道。警部則是一臉愕然地回問。他應該是一頭霧水吧。

「失禮了。鄉田三郎是江戶川亂步的小說《天棚的散步者》登場人物的名字，他的特殊癖好也是在天棚徘徊，偷窺鄰居的生活以得到快感的人。」

這是亂步的小說常有的安排，但是鄉田三郎這個男人是個對現實世界中的各種事情——不論是工作還是玩樂——完全沒興趣，非常無聊的傢伙。身上不知哪裏斷了一根人類應有的情感。那樣的他，有一次意外地在天棚徘徊時，從那裏感受到異樣的刺激，而初次感到興奮。如果只是偷窺的話還算是輕罪，但是他終將犯下可怕的罪行。某一天，他單眼從木頭的節眼看去，由上而下看著平常很討厭的鄰居，張著大口睡覺的姿勢，他突然萌生了一個念頭，如果從這裏滴下毒液，將這傢伙殺掉的話不是很好嗎？如果成功的話一定是椿完美犯罪。剛開始他還只是妄想，但是這個念頭逐漸成長，最後終於實行了。這是個異常的故事，但是讀者可以將情感浸染在鄉田身上，耽溺於如秘密般興趣的歡愉快樂與完美犯罪的夢境。——這個不可解的犯罪，最後是由名偵探，明智小五郎偵破，鄉田也被毀滅了。

中學時，沒有比夜晚在棉被裏，讀著這充滿秘密歡愉的故事更令人心情激動興奮的事了。當時簡直像是在啜飲著禁忌果實那妖豔甜美的汁液……之類的，但是，現在不是轉移話題的時候。

「哦！江戶川亂步有寫那種怪異的小說喔！那的確和五藤甚一是同輩呢。」

警部先開玩笑似地說完之後，鄭重地改口：

「五藤應該不是因爲讀了江戶川亂步寫的小說吧，但是他嘗到了同樣沒有品味的興趣，並好像爲了留下紀錄而開始寫日記。一月七日的日記裏有記錄當時的樣子。日記的影印本等一下再拿給你們看，現在我先說重點。日記裏雖然一直持續記錄著令人不愉快的偷窺情景，但是約在一個月前的十月十六日，發現了值得注意的疑點，我將它抄了下來，等一下直接唸原文給你們聽。也許有一些意義不明的地方，不過，請先不要在意並且聽完它。」

警部在胸前將手冊翻開：

「準備好了嗎？——『十月十六日，我看到了嚇死人的東西，即使到現在我還是很激動。從塑膠袋裏取出來的，肯定是人髮。而且那麼長，一定是女生的頭髮沒錯。他怎麼會有那種東西呢，起初我覺得很不可思議地繼續看下去，但是，當我看到大在來回玩弄那東西的表情時，我就知道原因了。他將頭纏繞在雙手上把玩、撫摸臉頰、最後還放進嘴裏吃吃地笑著。那絕對不是個正常的臉。如果發現我偷窺到這種事一定會沒命的，我想。因爲實在太可怕了，我連自己是怎麼回到房間的都記不得了。在同一個屋簷下居然有這種變態住著，而我居然還將房間租給了這種變態，光想都覺得恐怖。我很想將他趕出這裏，有沒有什麼藉口可以趕走他呢？』」

「對不起等一下。那個『大』是人的名字嗎？」那是我最初的疑問。

「您問得眞好啊，公寓裏的房客沒有人有『大』這個名字。雖然搞不太懂，不過這好像是五藤自己取的綽號。」

「綽號。……難道不知道他指的是哪一位房客嗎？」

「是的，沒錯。其實還有其他的，像是片假名的『ト』、漢字的『太』——就是太胖的太喔——還有啊，平假名的『く』、英文字母大寫的『I』都出來了。這五個應該分別是各個房客的暗號。」

「還眞是奇怪呢！」

我不禁沈吟起來。我不認爲五藤甚一爲了避免在秘密日記裏寫下房客的眞實姓名而發明了編碼式命名。我覺得奇怪的是那些命名的內容。『大』、『太』、『く』、『ト』、『I』。每一個都是單個字母，平假名、片假名、英文字母交錯使用，這種用法對於編碼式命名來講，意義過於薄弱了吧？那又到底是基於什麼而命名的呢？

「好啦好啦，先將奇怪的暗號放一邊，關於日記裏的重要部分我要再多說一些。這次是隔天，十月十七日的記事內容。——『我提心吊膽地今天又去偷窺了大的房間。大跟昨天一樣，從上了鎖的抽屜裏取出頭髮開始詭異地把玩。剛開始我還可以靜靜觀看，但最後實在受不了了，就屏息回房。到今天我才驚覺到，大不就是震驚世間的連續殺人兇手嗎？據說那殺人犯會剪下被害女子的頭髮。大藏在桌子裏的一定是女人的頭髮沒錯。一定是的。我應該怎麼辦？這實在太噁心了，而且如果一直放任下去，他一定會繼續殺人的。我決定要再多看看他的情況再來想應該怎麼解決。』」

「多看看情況再來想的這種作法很奇怪耶，無所適從慌張狼狽的時候，最恰當的處理方法不就是立刻通知警察嗎？」

火村回答了我提出的疑問：「所以剛才警部不是有說嗎！五藤先生好像是想以那件事作爲把柄好向暴行殺人犯敲詐！」

「正是如此。五藤的日記從這之後樣子就變了，幾乎都不是在描述偷窺，而是寫著：『中午時段的大沒有奇怪的地方。需要再想想該如何刺探口風。』、『究竟可以挖出多少東西出來呢？』、『先災後福怎麼樣？』之類含意很深的內容。這可以說他已有了恐嚇的念頭。若非如此，應該會像有栖川先生說的，向警察報案了。」

「不過也許實際上還沒向兇手恐嚇吧！」火村像是在自言自語：「也許是在他曖昧迂迴地刺探口風時，對方敏感地察覺到『那傢伙也許嗅出些什麼？』然後機敏地起而行動，將他殺人滅口。」

警部點點頭：「死亡前一天的日記裏也有寫到『我試著提出抽屜裏的秘密這個話題。本以爲他會驚訝地跳起來，卻沒有什麼特別反應，這實在是太厲害、太令我佩服了。以後應該是個難題。』這種內容，但我們無法判斷他是否已經著手敲詐了。不論如何，還沒有下手的可能性比較高。」

雖然和鄉田三郎的立場相反，但是五藤甚一這個人，是另一個天棚的散步者，也因爲偷窺脫序導致自取滅亡。雖說是自作自受，不過也很悽慘。

「關於暗示大是誰的線索完全都沒有嗎？」我問。

警部很乾脆地斷言：「因爲是很重要的地方，所以我們已很仔細地檢查討論了，沒有結果。」

還有一事務必確認：「詢問一下最基本的事，那本日記的作者眞的是五藤甚一先生沒錯嗎？」

「根據筆跡鑑定的結果，無庸置疑。」

我們出了大阪市。從這裏開始，警部談起了關於女性連續殺人事件的話題。

關於既遂的三起事件，因爲新聞等有報導，我大致上知道。事發現場都是在南海沿線，橫跨和泉市、河內長野市。被害人是二十歲到廿三歲的長髮女性，兇手在勒斃被害人之後將其頭髮剪掉拿走等等。至於推測是同一兇手的未遂事件發生了五起，現在所知最新的，是三天前的夜晚發生的。

「三天前被襲擊的高津眞希子，是廿三歲的上班族，幸好沒有受到任何傷害得救。據說她是踢了兇手的要害，趁兇手畏怯之隙逃跑的，不過當時兇手有物品遺落。」

這可是第一次聽到呢。應該因爲是搜查上的秘密，所以才沒有發表公布。

「從口袋裏啪噠掉出來的吧。我們推測被反擊的兇手應該是因爲陷入了突發狀態，所以沒有注意到那樣東西滾落到道路旁的溝槽裏。『東西』是個火柴盒。是一家叫作『馬拉喀什』的茶坊，該地點和五藤甚一被殺的 HAPPY CORPO 相距不到一公里。——從那種『東西』的出現來看，我想你們可以頓悟五藤甚一的日記是握有重大意義的。」

這是當然。

位於藤井寺市的道明寺是屬於眞言宗的尼姑寺。寺廟內有天滿宮，我在大學聯考前也和朋友偷偷來這裏參拜。也因爲它的靈驗，讓我考取了志願學校，並因此有機會可以和火村英生相鄰而坐共同學習。不感謝不行。雖然我經常被那位火村教授欺負……

3

HAPPY CORPO位在距離道明寺不遠處。是個安靜的住宅區。周圍有稻田，和在大阪南部隨處可見的小型古墳。話雖如此，若是這附近有森林，還是可以立即判斷那些是古墳的。很容易想像，晚上在這裏通行的人應該很少。我一邊想著，深夜，連續殺人兇手在這裏尋求祭品然後悄悄溜走；一邊望著公寓的外觀瞧。來往的人們每一個人都往那棟灰泥木造的建築投以視線，或者是特意停在前面之後再離開。

成爲犯罪現場的是五藤甚一的房間，進去之後立刻就在右手邊看到數名見過面的刑警，他們皆向火村和我打招呼。本來是在房裏的他們，都走出來好讓我們可進去那狹小的室內，我們拖了靴，踏進現場。就如同船曳警部說過的，首先是個兩疊左右的鋪著木板的隔間——有一個小型的料理台——，隔了一扇拉門之後內側是一間六疊的和室。

「有稀奇的東西耶！」看見房間中央有個約半疊大小的坑爐，我說。不過那裏並無煮東西的樣子，反而有數根香菸的菸屁股埋在灰中，我認爲他只是將那裏當作大型菸灰缸使用。

「被害人是在這個坑爐的右側，頭向下趴著的。姿勢是雙手張開兩腳靠攏，宛如磔刑的姿勢〈譯註：磔刑，是古代分裂肢體的酷刑〉。」警部一邊說：「就像這樣！」一邊在原本屍體趴著的地方實際表演給我們看。曾經，在動物園猿猴山殺人事件時，他也同樣躺著給我們看過。

「眞是個死法有禮的屍體呀！」

火村用食指搔著下巴說道，而我則沒說話聳了聳肩。

倏然站起來的警部，很快地打開了左手邊的拉門，示意那邊也有房間。和牆壁邊排列著棚架，殺風景的犯罪現場不同，這個八疊大的房間裏有衣櫥、電視、和摺疊式矮桌。當然，那老人家應該是在這個房間就寢。

「從現場和這八疊大的房間裏，都沒檢驗出重要的線索。雖然房客的指紋有檢驗出數個，但全都不是刻意的遺留方式。因爲五藤無聊時，會找看起來好像也有空閒的房客一起喝茶聊天。」

「被高津眞希子小姐反擊，不知掉落了火柴盒的兇手，沒在這裏留下什麼蛛絲馬跡嗎？」火村張望著室內一圈問道。

「我們不知道兇手是否有因爲發現火柴盒掉了而反省過，或是並沒有發現，反正這次沒有遺落任何東西。」

火村輕輕點了頭之後，往窗戶邊靠過去。從那裏並不能眺望什麼美麗的景色，大概就只能看見旁邊住戶如貓的額頭般大小的高麗菜田罷了。在那前面的 HAPPY CORPO 所有地裏面，停有像是房客的自行車和摩托車共五輛。看到了那些自行車和摩托車，我脫口說出想到的事：

「兇手爲了襲擊女性而出發時，是以什麼代步呀？應該不會是徒步吧。我想他應該有使用那裏的自行車或是摩托車，你們有從那邊開始調查嗎？」

外行人立刻就可以想到的事，警察不可能沒調查過，警部滔滔不絕地回答我：

「關於連續殺人犯是採取什麼移動手段，從以前就有了不是轎車的結論出現。因爲未遂事件的證人們都否定了。只是，有的人說：『是自行車。』別的人又說：『我想，是摩托車。』證詞各式各樣的。就連三天前的高津眞希子，拚命逃都來不及了，根本就不知道兇手是如何離去的。」

「對於警察的緊急調派防守，說不定是因爲騎著自行車而躲過一劫的呢？」

警部面有難色地說：「正是那樣沒錯。說實在話，我沒有自信拍胸膛保證我們所撒的網是萬全的。我想，有栖川先生應該也知道，搜查本部對於每次發生的未遂事件，都讓兇手逃走一事來說，媒體和大阪府民衆都非常嚴厲地斥責。雖然我不應該多嘴批評別組的搜查，但是關於緊急的調配有產生延遲與破綻一事是不能否認的。當然，對於不明人士的查問有好幾十人喔，但是那裏面卻沒有 HAPPY CORPO 的房客。根本就不是：『喂！等等。』之類的有抓到小辮子什麼的，兇手簡直完全逃離了警網！」

警部看了一眼窗戶說：「那邊的自行車和摩托車也都調查了。找找有沒有什麼行兇痕跡之類的東西，結果什麼也沒發現。」

「三天前的兇手應該很痛苦吧！」火村眼神認眞地突然丟出這句話。

「爲什麼？」我問。

「因爲他是在被踢中鼠蹊間的要害後跨坐上車墊的嘛。光是用想像的，連我都痛得想要流眼淚了。」

聽得我眞想回他一句，我可不是爲了聽你說這種無聊的對話才問的！

「五藤先生爬上天棚的地方可以看一下嗎？」

既然副教授這麼說了，警部打開了犯罪現場的壁櫥，用手指了指那灰暗的角落。火村和我探出頭。原來如此，有兩片天花板偏離了，但是從那裏爬上天棚這件差事不僅是肥胖的警部、就連火村和我都上不去。被害人身材應該很矮小吧？我問了警部，答案正是如此。

「被害人的身高是一百五十五公分。偏瘦，體重應該只有四十公斤左右喔，所以江戶川亂步的小說來得可眞是時候。如果是八十八公斤的我爬上去，天花板應該是一腳就踩破了。」

「我想去看一下。」

火村喃喃唸道。警部從房間伸出了半個身體，大聲地叫部下拿手電筒過來。副教授道謝之後，登上壁櫥的上半段，對著天花板那開了口的部分，探出頭和拿著手電筒的右手。好像是揮著光看了看左右。

「喂，如何？」我問。

「沒看到老鼠呢！」

我才心想幹嘛回答無關緊要的話時，警部竟然：「對呀！」非常認眞地答覆了。

「有證詞說到，被害人從以前就很討厭有老鼠在天棚走來走去，所以十分積極於驅除老鼠。據說只要一發現，就會說：『可惡的傢伙！』然後設下很多的捕鼠器，到處放滅鼠藥以撲滅牠們。如果這個公寓的天棚每晚都有老鼠在開運動會，被害人應該也不會想在那邊散步。」

警部很仔細地說著，但卻被火村的聲音蓋上：

「有被害人爬行留下的野獸痕跡喔，應該是用雙手與兩膝蓋，四肢爬行的，因爲這些留有痕跡的地方沒有灰塵。嗯，眞不愧是老建築，樑柱都又粗又結實。和最近的住宅建築完全不同。」

「換我看一下啦！」我像是公園裏的小孩，爲了邊鞦韆而要賴地央求。

我們交換了位置。天棚比想像中大，身材嬌小的人應該是可以在裏面彎著腰走路的。因爲可以偷窺租屋房客全員的房間，想當然是毫無障礙，可以自由自在地來回移動。稱爲長屋的建築，雖然在法律上，有設計火災時防止延燒用的界壁的義務，但是不適用於木造公寓（譯註：日本的長屋指的是一棟長型的建築物，但構造上卻是水平區分個別獨立的住宅空間）。

可是那裏陰暗、有灰塵、溼氣又重，神經正常的人是不會有心情在那種地方徘徊漫步的。亂步所寫的小說舞台，外宿的地點設定是新屋，所以讀起來不會有不潔感。而且他還描寫到當細微日光射進天棚時的斑紋模樣，根本是清爽多了。不過話說回來，五藤甚一是因爲怎樣的契機而培養了這種奇怪的興趣呢？他既不是如鄉田三郎般是個先天性異常者，難道說，小人閒居爲不善──也許是多餘的閒暇讓他有這種嗜好的吧。

我關掉手電筒的燈光，回到室內，向警部詢問：「這裏也搜查了嗎？」

「有。已經有數位身材瘦小的年輕手下上去調查過了。但是只查出有人在那裏徘徊的痕跡，和確認了偷窺各個房間，紅豆般大小的木頭的節眼而已，沒有鎖定兇手的資料出現。」

「五藤先生應該是有特別注意『大』的房間。有沒有那種之類的痕跡呢？」

「關於這點沒有結果。」

不知道火村有沒有在聽我們的對話，他一個人抿著嘴在坑爐周圍不斷地繞來繞去思考著。

「因爲剛好現在所有的關係者都在，我們一個一個來問話吧。好不好，教授。」

本來是無法安定下來的副教授，在被警部問了之後，立刻停了下來，說：「對喔！」

4

四位房客的內容訪查，是利用其中一間空房進行的。一想到從現在起，所面對面的男人之中有一位就是兇惡至極的連續殺人犯，我就緊張了起來。

最先被叫進來的是最早發現屍體的田中芳信。他是當地的大阪理想大學經濟學部二年級學生。和歌山串本町出身，從大學入學的去年四月起住在這裏。他臉頰和下巴處貼著大大小小的ＯＫ繃引人側目，不過不等我們問，他就自己說明了：「因爲我在打橄欖球，所以有很多擦傷。」不過也許是想要牽制我們，先對我們表明，這可不是被女性襲擊時所抓傷的喲。不過說眞的，他的確很像有在運動，因爲他渾身散發著男人的汗臭味。

「早上就去五藤先生房間，是因爲我想在上學校之前，歸還他借我的小型電視機。」

應該是已經說了很多次了吧，他開始說起了發現屍體的經過。——首先，借電視是因爲，知道他電視故障的五藤，很親切地說：「修好之前都借你用吧！」而借的。因爲五藤他還有一部電視機，所以借出這攜帶式電視機不會有什麼不便。是從四天前開始借的，雖然前天傍晚自己的終於修理好了，但是沒有機會還，所以想隔天一早上學前再還。然後就在那裏看到了不該看的情景了——他說。

他的陳述內容和講話的樣子都沒有疑點。火村試著提幾個問題：

「當時，有沒有用手觸碰現場什麼東西？包括五藤先生的身體。」

「沒有。我沒有用手指觸碰任何東西。五藤先生是不是死了，也只是盯著他的臉而判斷的，我可不想在殺人現場摸什麼東西。」

「你有看到成爲兇器的鐵管嗎？」

「有的。我在接近倒下的五藤先生時有跨過它。」

「對那東西有印象嗎？」

「沒有。」

「被殺之前的五藤先生，有沒有什麼和平常不一樣的樣子？特別是這一個月。」

田中想了一下，「沒有感覺到什麼。」

火村遞出一張紙條給橄欖球選手看。那上面寫著意義不明的暗號，「大」、「太」、「く」、「ト」、「I」。

「不好意思，這些很像是謎題，你知道是什麼嗎？」

對方一臉發愣地盯著火村說：「完全看不懂。這到底是什麼？」

「我無法詳細地回答你。不過如果給提示的話，這裏寫的每一個暗號都表示著住在 HAPPY CORPO 的每一個人，就是這樣。那你覺得有沒有什麼線索呢？」

「沒有。不知道你在說什麼。」

火村將紙條收進夾克胸前的口袋，開始對田中說起生前的五藤甚一這個人。田中不但沒有覺得困惑，還很活潑地說：

「房東是個直率的人，還常常說：『有空的話要不要來坐一下？』招待我們茶和甜點。其實他應該是個怕寂寞的人吧。我想，他應該不擅長裝出客套的樣子，臉臭臭的時候居多吧。不過家父也是這樣，所以我可以理解。」

這時警部又擔任起質問者的角色，問他的不在場證明。首先是，五藤被殺害的前天晚上十一點到昨天凌晨三點之間的不在場證明。

「八點左右我去同一小組的朋友家玩，回來的時候已經是十二點左右了。之後我沒有洗澡就直接睡覺了，如果要說不在場證明其實很傷腦筋耶！」

「你回來的時候，應該有經過五藤先生的房間前面，有沒有發現什麼東西？」

「沒有。沒什麼。」

「那，可以請你說，三天前的晚上作了些什麼嗎？」

這當然是高津眞希子遭遇危險的那天。雖然田中很疑惑地問：「爲什麼要問那天的事呢？」但是警部隨口編了個理由搪塞。

「那天晚上很稀奇地我沒出去玩，一直待在房間裏。聽著音樂，發呆休息。」

這種不在場證明的調查應該早就作過了，可以知道警部是爲了讓他在火村面前再說一次而作的吧。——疑問問完的時候，火村一副隨口問問的樣子說：

「你一直在流汗耶，很熱嗎？」

「什麼？」

田中將手放上額頭。因爲火村說的話我才注意到，他的額頭的確滲出汗水。

「……嗯，我很怕熱怕到要裸睡。但是，現在應該是因爲在刑警們面前，所以才流汗的吧。」

「原來是這樣。」火村一副很無聊的樣子說道，所以話題中斷了。

「謝謝你的協助。也許還有機會向你詢問問題，到時候再請多多幫忙了。」

警部說了這句話之後，將田中芳信放行，下一位也是大阪理想大學的學生，是法學部一年級的叶克彥。出身於奈良五條市。和運動員的田中相反，是個皮膚白晢、纖瘦的學生。長袖 POLO 衫兩袖捲到手肘處，他手腕很纖細，好像只有長著如少年般的胎毛而已。不知是不是爲了讓正襟危坐的叶輕鬆些，火村愜意地——不過不巧的，他是個做不出清爽笑容的男人——微笑著。

「因爲經常受到五藤先生的照顧，對於這次事件我覺得很驚訝。希望盡早將兇手逮捕到案。」叶，如才藝發表會上呆呆念著台詞的小學生般說道。他應該很緊張吧。

「請問你是如何受到照顧的呢？」

警部詢問的問題一度令他詞窮，他以猛烈的速度眨著自己那雙小眼睛：「那個嘛……」吞吞吐吐地說。

「那個……因爲他是房東嘛，總有什麼……」

他剛剛說的備受照顧什麼的應該只是禮貌性的客套話。當問到他，五藤甚一是怎樣的人時，這次的他則是：「嗯……」陷入了長考：

「說實在的，我不太常和他說話，所以不太清楚。雖然有幾次被招待去他家喝茶，但是我不太知道要跟老人家聊什麼……」

聽著他說那些沒有什麼重點的話、觀察著他那纖弱的體態動作的同時，我實在不覺得他會是兇手。很難想像這種男人已經殺了數人。就算對方是女性和老人，但是被襲擊的對方也是會頑強抵抗的呀。他應該反而是會被彈出去的吧？

叶好像對其他的房客缺乏關心，問他別人的事都只是反覆回答說：「我不太清楚。」他應該不擅長和外人接觸，性格非常內向的吧。

唯一引起他注意的是，當火村拿出慣例的紙條給他看時，他立刻回答了不知道那有什麼意義，接著一直凝視那張紙條，沒有將視線移開，一副非常有興趣的樣子。

「難道，你有什麼想法嗎？」

火村說。他慌張地連忙搖頭，像是要辯解似地回答了：

「沒有沒有，哪有那種想法。只是，我對於這種像暗號和猜謎的東西有興趣而已……」

火村苦笑，又搔了搔下巴，斜眼瞥了我一眼。像是在說，和你是同類耶。關於這點我不打算否認。

晚上除了會去便利商店和自助式洗衣店之外就不太常外出，因爲他也是一個人在房間度過的，所以不在場證明也無法成立。所獲取的情報形同沒有。

第三位證人是黑井武明，三十歲的補習班講師，也算是從事以客人爲主的行業，所以他穿著乾淨俐落的服裝，髮型也很整齊。麥芽糖色鏡框的眼鏡度數感覺上很重，內側的長形眼睛挺銳利的。

「我只是個小小的約聘講師，並沒有在經營補習班。因為決定要當小說家，所以沒有特別去公司上班，不知不覺就過了三十歲了。」

我不知道黑井想成為哪一類書籍的小說家，不過像我這種辭掉上班族工作而改當作家的人，在他的眼裏看來應該很柔弱。

「星期一到星期五，我在教國中生的英文和數學。因為上課之前必須作準備，所以我的上班時間是一點到九點。基本上工作結束後，會在附近吃晚餐，偶爾會小酌一杯再回家。」

不過也很容易想像，也許他是在補習班的回家路上作了些什麼，犯下兇惡的罪行。和先前的叶克彥比，腕力應該很足夠。我對他的印象很不好。

對於警部所提問的，關於五藤甚一的人物評語和最近的舉動、事發當晚的樣子等，並沒有浮現出新的事實。至於他自己的不在場證明：「您問的那兩天我都在十一點前回到家，應該沒有什麼人可以幫我證明吧！」HAPPY CORPO 的房客好像都在避免互相干涉。關於謎樣的暗號，也乾脆地回答沒有想到什麼。

在他的訪查結束後，第四位房客出現前，我詢問火村到這目前為止的感想。也許是因為在警部前面的關係，副教授慎重地回答：「還沒想到什麼。」

「我的想法是，叶克彥這條線不太可能。他那個樣子要兇暴地掐女人的脖子應該很難。」

火村微笑了一下：「你說說看吧！」

於是我開始很沒責任感地隨口說出自己的想法：「關於田中芳信，我很在意的是，都已經是十一月下旬了還會流汗這件事。嗯，不過因爲他穿著厚重的運動上衣，也許是眞的很熱吧。至於黑井武明，有些可疑。因爲他可能藉著讓周遭的人認爲他晚回來是應該的這一點，作爲連續殺人犯的有利條件呢！」

「你的懷疑根據也太薄弱了。相反的，黑井老師是清白的說法還比較容易釐清。不是有看到那度數很厚的眼鏡嗎？他可是有很深的近視喔！連續殺人犯可是只有戴著毛線帽的，無法跟戴著眼鏡的黑井連上線。」火村說。

「也許他是用隱形眼鏡呀！」

「也許吧。不過那個看起來很弱的叶克彥，也許在行兇時，可以發揮出和外表不一樣的怪力。無論如何，你不應該這麼早就將推測掛在口邊，有栖川老師。」

「是的，火村叫獸。〈譯註：將教授故意唸成叫獸〉」

就在這時，有人敲了敲門，二宮隆一郎進來了。一頭長度蓋住耳朵的頭髮、長滿臉的鬍子、縐紋一堆的T恤，隨意破口的牛仔褲。和黑井武明的風格完全相反。廿四歲。他自我介紹著，兩年前從大阪理想大學畢業後沒有固定職業，都是以半年以內的短期打工賴以維生。和抱持志向而在補習班當講師的黑井不同，他好像是漫無目的，任性隨意地過著自由業的生活。也許是因爲他的磊落性格，和之前的三位不同，他一進來就隨性地坐下了。

「對於五藤先生為什麼會被殺一事，我完全不知道。但實在太聳動了，所以我昨天慌慌張張地在房間裏又加了一個鎖喔！還在枕頭旁邊放棒球棒。」

從大學時代開始數來也已經在這裏住了六年的他，應該是最認識已亡故的五藤，相對地所受的衝擊也是最大的吧。當然，是在假定他是無罪的情況下。

「五藤先生沒有和公寓內的誰有過爭執。因為他是孤僻的人，所以也都沒有客人來訪過。我甚至懷疑，五藤先生房間的電話會響嗎？」

又是重複相同的證詞。關於不在場證明也是一樣。三天前的晚上他自己一個人去大阪玩，回來的時候是十二點半了。前天因為感冒，很難得地在十一點以前就鑽進被窩。不論是哪一個，不在場證明都無法成立。

「二宮先生現在從事什麼樣的工作呢？」火村問。

「在羽曳野的某間宅急便流通中心作包裹的分類工作。公司的名字叫作太陽 EXPRESS。」

太陽，對於這個字，我的思考有了反應。五藤日記裏寫的『太』，是不是就是從二宮的工作地方那裏取用的呀？如果真是這樣，他就不是兇手了。那黑井工作的補習班的名字是什麼呢，我不禁開始在意起來開頭文字是不是『大』？不知是否和我的想法一樣，火村拿出了紙條給他看。

「嗯，你說這是代表我們裏面的誰……唉，我沒有什麼第六感，看不懂耶！」

他拔著太陽穴周圍的頭髮喃喃叨唸起來。看著他那非常神經質的動作，我又開始思考了起來。二宮好像會無意識地玩弄頭髮，這是不是意味著他對頭髮有怎樣的感情壓抑，而沒有表現出來呢？我想起了日記裏有一段寫著，『大』耽溺於玩弄束起來的長髮。二宮完全不知道我對他抱持著那樣的疑惑，依舊很頻繁地拔著他的頭髮。

5

和四人的會見結束後，船曳警部和管轄的署搜查員與府警的部下做著簡短的會議，還向本部的刑警課長以電話聯絡。在這時間，火村和我繞了公寓內外一圈，卻沒有找到任何可以解決事件的線索。

已接近下午三點，警部約火村和我去吃個稍晚的中餐。他帶我們去的就是那家問題中的茶坊『馬拉喀什』。從 HAPPY CORPO 徒步約十分鐘。那家在近鐵線路旁的店，有一個寫著喫茶・輕食的看板（譯註：近鐵是一家日本的電車公司名）。

「就像我之前在車裏說的，兇手持有這家店的火柴盒。如果可以從那知道就好了，但是剛剛的四人裏，我們無法鎖定哪一位。將他們的照片給這裏的員工和老闆看過之後，斷定田中和二宮是常客。至於叶和黑井，得到的是，好像也有來過店裏之類的回答，所以也不能否定。因爲從公寓走過來只要十分鐘，又是可以吃飯的店，叶、黑井有來光顧也是無可厚非的。」

警部一邊吃著西班牙蝦仁炒飯一邊滔滔不絕地說。我盯著放在桌子上的菸灰缸內，並且印有店名的火柴盒問道：

「因爲是會將火柴盒放在身上的人，兇手應該是抽菸人士吧。四人之中有吸煙的人是誰呢？」

「全部的人都抽。」

好像都無法將範圍縮小。火村輕快地將他的義大利麵攤平，安靜地讀著從警部那裏拿的日記影本。但是沒多久之後，就隨便地丟在桌上了。

「『大』呀『I』的到底是指誰，就算認眞讀了還是無法鎖定目標。裏面只寫著『卜又在邊滴口水邊做惡夢。』、『I一邊看著鏡子一邊打扮。』之類程度的記事而已。眞是一本愈讀愈覺得無趣的日記。如果他會暴露些『帶女朋友回家。』或者是『夢話是叫著媽媽的名字。』之類的，就可以一一對號入座，用消去法找出『大』的眞面目了。」

我拿了影本過來，概略看了一下。將關於『大』的記事挑出來，看看有沒有描寫什麼身體的特徵、室內的擺設和空間的描寫之類的，結果沒有發現什麼決定性的關鍵。其實想也知道，對五藤來說，寫這本日記，不過是附加在天棚的散步這個刺激興趣上的小小樂趣而已。所以沒有很熱衷，只是輕描淡寫地記錄著的吧。至於一邊享受著秘密的甘甜一邊寫著文章的感覺也很薄弱。

「有沒有考慮過，這本日記可能是他要從第一集寫到第十集的創作呢？」

就連這樣的問題，警部都準備好了答案：「不太可能。因爲天棚實際上遺留有人類爬行過的痕跡，而且還有三天前的未遂事件裏，兇手掉落的該店火柴盒。」

「啊，對喔！」

我不禁後悔說了無聊的話。本以爲火村會出言諷刺，不過他什麼都沒說，反而是望著可以看見線路的窗戶，抽著駱駝牌香菸。這時，往河內長野行的急行電車通過。

「還認爲兇手的桌子抽屜裏依舊藏著髮束嗎？」

對於我的詢問，警部的回答是悲觀的：「因爲他是在感覺到五藤已察覺到什麼的情況之下，而殺人滅口的，所以他應該早將那些處理掉了。但也有可能是覺得丟掉可惜，而將它藏在別的場所。這樣的話又更難發現了。我們曾討論是否要申請各個房間的搜索令，不過應該來不及了。我沒有報太大期望。」

「但是，他還沒發現老人有寫日記——」

「嗯。說不定，兇手還無法理解自己的眞面目是怎麼洩漏的呢！」

這時，火村轉過身來，「今晚可以再去一次現場嗎？」

「哦！再去一次是爲了什麼呀，教授？」警部一邊調整褲子吊帶的長度一邊反問。

「因爲我想確認一下，夜晚的 HAPPY CORPO 會是什麼樣子。」

「嗯，既然教授希望的話，那我們就照你的話去做。我們預定九點左右在藤井寺警署要開搜查會議，如果您想來開會也是可以喲！」

對於警部的提案，火村沒有興趣：

「那等你那邊的會議結束後，可以再跟我們一起去嗎？」

「沒問題！」警部承諾：「到晚上之前你們要做什麼呢？」

「因爲時間還很多，我想去理個頭髮。有栖，我看你也該剪一剪了？」

他一邊抓著混著少年白的頭髮，一邊從容地說道，當時我心想，哇！這下可好了。不過我卻沒察覺到，原來在這時候，火村已經想了那麼大膽的做法。

6

這天晚上，不對，日期變了，是隔天的凌晨一點過後。

我們躡手躡腳回到了 HAPPY CORPO。房客們好像都安靜地就寢了，連電視的聲音都沒溢出走廊外。拿著鑰匙的警部先行進入犯罪現場。我們三人自始至終都沒說話，連房間內的電燈都沒開。

「我考慮到也許會將事情搞砸，船曳先生還是別跟我們進來比較好。」

火村拿著自己帶的手電筒輕敲大腿，小聲地說道。警部慢慢地撫摸自己那童山濯濯的光頭，嘆氣道：「本部的人都知道是我拿了這間房間的鑰匙。事到如今既已上船，是不會想要下去的啦。」

「不管事情成功與否，請容許我的好管閒事，多此一舉。」

火村脫掉夾克丟過來給我，就握著手電筒進入壁櫥。然後拆掉那兩片已經偏移的天花板，並輕輕地將旁邊的一片拆掉。——因爲之後他要去做天棚的實地考查了。

我將雙手放在火村的腰部兩側，幫助他不出聲地抬起他的身體。順利登上天花板上的副教授，輕巧地用右手比出ＯＫ的訊號，安靜地開始展開探索。應該是很愼重地在爬行吧，因爲豎起耳朵也聽不到走過木板的聲音。即使如此，留在下面的警部和我可是雙手抱在胸前，抬頭看著上面，暗自祈禱事情能順利進行。

站久了會累，所以我們在榻榻米上坐下。因爲也不可能聊天，只好在黑暗的房間裏等待事態的進展。我不禁覺得時間流動的速度是平常的好幾倍延長，還挺坐立難安的。

好安靜。什麼都聽不到，什麼都沒發生。

看著手錶的夜光錶指針，火村上去天棚也已經過了三十分鐘了。我實在是悶得發慌，對著警部的耳朵輕聲細語地說：「火村說，也許實地爬上天棚觀察房客們，就可知道暗號的意義，您覺得如何？」

「嗯，也許可以查到什麼線索。不過這眞是個很不好的搜查方法。」

「是最差的搜查喲！」

我看到了窗外射進來的星光照在警部臉上，一副拚命祈求別發生什麼麻煩事的表情。

長針又動了一些到一點四十七分——

不知是從內側的哪個房間發出了慘叫，在走廊迴響。我嚇了一跳和警部互看一眼。然後莫名其妙地衝出了房間。

「喂，怎麼了！」

幾乎是同時向走廊外探出頭來的黑井，穿著睡衣對裏面大喊。住在旁邊的二宮也頂著亂糟糟的頭出現，怒道：「現在在幹嘛啦？」

「發生了什麼事嗎？」

警部推開黑井，往裏面走去。越過他寬闊的肩膀，可以看到最裏面的門迅速被打開，叶克彥一邊向前傾地衝了出來。他完全瘋狂錯亂地，如游泳般在空中亂抓。不知是否因爲被這種氣勢壓倒，警部的雙腳一度是停止的。叶張大雙眼全力往前衝，連警部巨大的身軀都被推開了。

二宮和黑井察覺到危險，立刻返回自己房間。叶好像完全無視眼前有無障礙物，對著呆呆站在原地的我衝了過來。

「快擋住他，有栖！」

我看到火村從叶的房間飛奔而出，對著我大叫。我已經不再覺得他是纖弱的男人了。爲了抱住對著我猛然前進的叶，我低下腰來站穩馬步。

「走開！」

我好不容易抱住整個人向我衝撞過來、面容可怕的他。可是，好像是因爲太恐慌了，我盡是使出些沒有用的力量，所以無法完全撐住他。

「放開我！」

當我眼看著他的雙手向我的喉嚨逼近時，我知道他已經顯露出殺人魔的本性。在感覺到特別冰冷的手指指尖掐在我的喉嚨上時，我仿照高津眞希子小姐的做法，往對方的鼠蹊間踢上去。

＊

「可能做得過火了些。但當我直覺到這傢伙就是兇手時，就覺得無論如何都要試一下。」

當警部打完叫警車過來的電話之後，火村很誠實優雅地說。被繩子綁著的叶，像是被妖魔附身過後般，安靜地蹲在房間角落。

「你說的試一下是？」警部問道，視線一直沒離開兇手。

「我將從美容院撿來的長頭髮，從木頭的節眼那裏一點一點地往下丟到他的眼前。根本就沒有想到，居然會立刻見效而且還有那種瘋狂的反應。」

雖然我知道他在美容院時有弄一些奇怪的東西，不過我卻沒想到他居然是要做那種實驗。我還因此配合演了一段武打場面，搞得我肩膀痛死了。

「在詳細確實的搜查之下一定也會得到同一個結論的，只是當我看到他時，不禁心想，這個混蛋，於是就——」

很稀奇地，火村像是在辯解般地說道。不過我覺得與其說這個，還比較想聽聽他是因爲什麼緣故而有此靈感。

「無論如何，請再說明得更詳細點吧！」警部催促。

「在這之前——不好意思，請大家先各自回自己房間。」火村很不好意思地說道，將集中在門口的房客們趕回去。雖然他們三人都心不甘情不願的樣子，不過應該是因爲，火村他也有偷窺其他人的情況，所以無法在他們面前照實講吧。

「『大』、『太』、『く』、『ト』、『I』個別是誰的表記？當我將自己當成是五藤甚一，在天棚散步之後，就明白了。我並不是想要將這次的粗魯搜查方法百分之一百正當化，但是，這次的情形眞的是不偷窺還解不出來的呢。因爲那是——房客們的睡姿呀！」

我本來以爲我的朋友是在開玩笑，但他的表情非常認眞。而警部則：『啥？』地伸出頭反問。

「黑井先生是將身體向『く』字一樣曲著睡，二宮先生則是向左邊睡，然後雙手斜斜地往下像『ト』字一樣地鑽在棉被裏。至於爽快的『大』字，是纖弱的叶克彥。」

「那『太』和『I』也是睡相嗎？」我問。

「關於『I』，應該是回了老家的第五位房客吧。至於田中，他在毛毯下的睡姿和叶一樣，雙手雙腳張得開開的，但是他的情況是喜歡不穿衣服——眞的是全裸喔——睡覺的。所以就不只是『大』

字了，而是『太』字。五藤甚一這個老人家還眞是風趣。」

「你說的……可是眞的？」

火村根本不在意說話呑呑吐吐的我，還冷靜地繼續述說他所發現的圖解：

「將自己當成是五藤甚一從天棚向下看著房間時，是有其他的啓發。當我完全變成日常就鳥瞰著房間的他時，按照文字改變了視野之後，發現了一件事。就是，瀕臨死亡的他，不正遺留下了指名兇手的訊息嗎！」

火村往房間中央的坑爐看去：「他在這個坑爐的旁邊，如被磔刑般的姿勢死去。那個樣子，從天棚上偷窺的話會怎麼看？」

『叶』——『KANOU』（譯註：kanou是日文「叶」字的發音）

不正是想要傳達兇手的名字嗎！

我轉過身，看了一眼在房間角落的殺人魔。他那被綁著的雙手鬆垮垮地垂在腰部前面，看起來眞像是兩匹醜陋的生物死骸。

紅色閃電

1

那是一個慘不忍睹的夜晚。

一個奪走了兩個女人性命的血腥事件。那一場無法與六月底聯想在一起的寒冷雨滴，環抱了死亡。

首先，從珍妮弗・桑達斯（Jennifer Thunders）的死開始說起吧！

*

那天夜晚，晚上十一點前。住在大阪的我——有栖川有栖，接到了住在京都的友人火村英生的電話後，急忙開車趕往現場。我是個推理作家，而火村則是京都的英都大學社會學部副教授，我們以這樣的形式，參與警察的搜查活動並不是什麼新鮮事。這是因爲火村以 field work（實地考察）爲名參與刑警搜查，對許多的案情釐清有很大的貢獻，而我則被認可爲他的助手。「臨床犯罪學者」火村的存在，除了警視廳之外，也有些許縣警本部知道，不過他在京阪神三地特別有名。但是，由於他本人和當局皆有某種共識，所以火村的名字並未在世間傳播開來。

事件現場是位於十層樓高的高級公寓——CHANTER 桂。距離桂川還算近，但是就京都近郊來說算是比較偏僻的地方。周圍空地多，而且還零零星星有些工廠。那棟 CHANTER 桂的七樓發生了女性墜樓事件。不過，如果只是那種事，大阪府警察本部的柳井警部應該是不會打電話對火村說：「要來看一下嗎？」，反而是告知：「請您一定要來一趟！」第一個理由就是，這起事件的目擊者是英都大學社會學部二年級的學生，也就是說，他曾是火村班上的學生。至於另一個理由，會在後面敘述，就是目擊者的證詞有些非常難以理解之處。

反正，當我駕駛著那輛破爛的青鳥到達現場，按例先大略找了一下熟面孔。那圍在看起來像是陳屍現場的，當然大多數都是搜查官，不過，看熱鬧的人倒是出乎意料地少。也許是對於還要特別在微寒雨天中，撐傘出來看這件事有所顧慮吧。不過我後來才知道，原來是因爲剛建好的 CHANTER 桂的售屋情況不佳，住屋率約只有三成左右的程度而已。

我看了一下手錶，已經快要十二點了。所以說，看熱鬧的人也應該在呼呼大睡了喲。

從車上下來，我抬頭看了一眼被害人墜樓的那棟高級公寓。那一瞬間，閃電刺向我的眼睛，在耳邊發出了轟隆隆的雷鳴。好像是先行通過了大阪那邊的雷，在京都這邊又使起了性子。雨，非常冷。

「有栖川先——生，這裏！」

揮手往這呼喊的短小身影，是柳井警部。而在旁邊稍微抬了手的是火村。又是一道雷光，照出了在他們周圍的搜查員們。那是一股帶著不祥氣息的刺眼亮光。

「這種天氣還將你叫出來。不過事件現場那邊好像也很棘手。」

我看了在說話的火村下半身，白色長褲的褲管吸著飽滿的雨水。至於穿著灰色西裝的警部，別說是褲管，連上衣的肩膀處都溼透了，看起來像是黑色的衣服呢！

「我們在這裏發現了被害人。」警部指著不遠處的地面：「但是因爲這場雨，沒有任何血跡遺留下來。」

「是這棟高級公寓的住戶嗎？」我問。

「是住在七〇七號室，一位名叫珍妮弗‧桑達斯的美國女性，年齡廿五歲，職業是模特兒。」

我懂了。CHANTER 桂既不是出租公寓，又才剛建好沒多久。模特兒的工作應該爲她帶來優渥的薪水吧。

「根據鄰居的說法，她是個行情很好的流行服裝模特兒。但是在大阪與神戶兩地工作機會比較多的她，會以這作爲生活的據點是有原因的。在稍早的訪查中得知，好像存在有一位幫她買房子的經濟後援者。因爲我們有得到證詞，曾有人目擊一位風度翩翩的中年紳士偷偷摸摸地來這裏。

「那位男性是日本人吧？」

「好像是這樣。在我們搜索過被害人的房間之後，發現一張寫有疑似是那位男性經濟後援者的住址與電話號碼的便條紙。現在正在確認中，應該過不了多久就可以查清。」

可是，如果只因爲死者是美國籍流行服裝模特兒的話，火村應該是沒有理由叫我來的。所以她的死法一定有十分不尋常的地方。我巴不得快點知道。

「在電話裏聽火村說，這好像是一起殺人事件，所以她是被某人推落的囉？」

「是的。有目擊者。而且很神奇的還曾是火村教授的學生。我們現在正要去聽他再次說明目擊的經過。請有栖川先生也務必跟我們走一趟。因爲是非常不合理的神秘事件。」

眞的嗎？我試探性地看著火村，但副教授只是上下挑動著一邊的眉毛，什麼話都沒說。

「目擊者在那棟公寓。」柳井警部指向在 CHANTER 桂南邊六層樓高的建築物。兩棟公寓的距離應該在八十公尺之內吧。中間隔有對面那棟公寓的小片綠地區與一條單行道。

「那棟公寓名叫桂 GREEN CORPO。目擊者是二十歲的串田齊，英都大學二年級。他目擊事件的地方——就是他自己的房間，所以我們現在要去那裏。」

我一邊跟著警部後面走，一邊向火村詢問我知不知道那位學生。

「我剛才有和被叫過來這裏的他說過話，你看到就會想起來的。他是位每堂必到，熱衷傾聽我表演的認眞學生。」

「表演？白癡。你當你是在做搖滾演唱會哦！」

「還有，這和事件的搜查有關，他視力很好。」

「你怎麼連這個都知道？」

「只要站在講台上立刻就可以知道啦。他總是坐在大教室的第一排最右邊，敏捷地抄筆記，就連我一丁一點寫在黑板上的字，他都可以毫不費力地抄寫。」

「連在大教室裏聽課的一位男同學，都可以觀察得這麼仔細喔？」

火村雖然只是稍微牽動了嘴角，不過我抱持的這個疑問稍後立刻就會解決了。

警部按了桂 GREEN CORPO 六〇五號室的門鈴。邊說著：「來了！」邊露臉的是串田齊。方形臉配上飛機場頭。身穿黃色運動衫、運動外套的他，身高十分出眾，足足有一百九十公分，這就難怪火村教授會對他印象深刻。

「打攪了，串田。可以請你再說明一次看到的事情嗎？雖然在那邊已經聽你說了很多，不過還是有些無法理解的疑點。」

身高一百六十公分的警部，抬頭看著一百九十公分高的證人平靜地說。

「好的。請進。」

他帶領我們進入客廳。據說他的雙親從昨天起去北海道二度蜜月，所以是一個人在家。雖然警部說：「沒關係，不用啦！」不過他還是笨拙地泡杯微溫的煎茶給我們喝。

「我看到有人墜樓的一瞬間，嚇了一跳。到現在心臟還是跳得很快。」

串田從高大的身軀裏發出了很不搭軋的膽小聲音，在我們前面坐了下來：

「不過當我看到火村教授和刑警先生一起出現的時候也嚇了一跳。」

「不是有說過我是『實地考察』嘛！」副教授很做作地笑了一下：「進入重點吧！」

於是目擊者開始陳述。

2

已經是昨天的六月廿八日。八點半結束了家教的串田齊，在回家的路上買了個便當。當時還沒下雨，不過西邊的天空深處有雷聲轟隆隆地作響。當他一回到GREEN CORPO時，雨就開始嘩啦啦落下。一邊放著音樂一邊打開便當的他，看著窗外發呆了好一會兒。激烈的雨勢敲打著柏油路面，樹梢在搖晃。雷鳴聲狂暴粗野地喧擾，很明顯地聽起來像是雷擊到地表的聲音接連持續著，兩次三次的。該不會因此停電吧，串田不禁擔心了起來。

有生以來這是首次如此近距離聽到如神在發怒般的落雷聲。就連平常並不討厭聽到雷聲的他，都被搞得靜不下心來，於是他站了起來往窗外看去。眩目的閃電疾行，照亮了對面的公寓。

是九點十五分左右的事。

CHANTER桂七樓的陽台有人影。在這樣的雷雨中，還有這種奇怪的人呀，他目不轉睛地凝視。長髮飄搖，當下一個閃電劃亮的瞬間，他確認了在陽台的人物是個年輕女性。那個女人在做什麼呢？看起來也不像是慌慌張張地在收拾曬在外面忘了收的衣物。看著她的頭髮和雙手都在大大地擺動，好像是在做什麼運動，可是哪有人會想要全身溼答答地跳舞。會作那種事的一定是瘋子。更令他在意的是，那女人的頭髮閃耀著金色光芒。

——外國人？

提起了興趣的他，突然閃過一個念頭，如果有望遠鏡就好了。

——對了。有歌劇用望遠鏡喔！

他想起了母親爲了觀賞歌劇而買的東西，回想著那個東西到底被收在哪裏。

又是一道閃光。那道閃光，讓他看到了在陽台的人物不只一位。還有一個人，是誰？到底是在做什麼呢？兩人的身體奇特地舞動交錯著。好奇心愈來愈強烈地騷動，他往餐廳的食器架跑去。因爲他想到，母親有個不論什麼東西都喜歡塞到那個抽屜的壞習慣，歌劇用品應該會在那裏。果然如願，東西就在那，他離開窗戶邊的時間，最多十秒左右吧。

拿著歌劇用品的他回到窗邊，在用望遠鏡瞧之前，先用肉眼往陽台看去。那是爲了要先確認目標的方向而做的。

就在此時，天上又是一道閃光照下，他反射性地眨了一下眼睛。視網膜變成了感光片，將眼前所見到的光景如照片般刻印在視網膜上。

看到了女人。

在半空中。

從陽台翻落了。

他：「啊！」地大叫，吞嚥了一口氣。歌劇用品啪地從手中滑落，跳上了地板。

女人的身體隨著重力，成一直線落下。完全符合拉著細線般的表現，事後回想這個場面，雖然感覺上像是以高速攝影般慢動作地進行，但實際上這過程應該是花不到兩秒的。

沒看到女人軀體摔落地面的情形。因爲 CHANTER 桂內側有木造隔板從二樓往下遮著，所以不用觸目到那殘酷的瞬間。

他立刻想起了應該要做的事，起身行動了。首先是打一一九。告知有女性從 CHANTER 桂的七樓翻落，再來是通報警察。只不過是看到了女人翻落的場面，爲什麼要打一一○呢，他無法完整地說明。因爲他並未目擊到死者被推落的景象。也許是去拿歌劇用品前見到的景象讓他很在意吧。陽台那邊發生了什麼不尋常的事，這讓他打了第二通電話。

打完兩通電話，他撿起歌劇用品，往那陽台看去。剛才他的視線是隨著墜樓女人的姿態移動，沒有看到應該還在陽台的另一位人物的反應。另一個人影在作什麼呢？

沒有人在陽台上了。

這並不奇怪，也許那人跟我一樣也去打電話給一一九或是一一○。等一下應該就會出現的，他想著。但是，透過望遠鏡觀望了好一陣子，沒有半個人在陽台出現。

雷聲。

閃電射進無人的陽台。

——對了，應該是下樓去了。

一想到這，他自己也想要下去看一看情況了。是因爲覺得應該要做些什麼，還是單純只是因爲看到了恐怖的景象，連他自己都不知道爲什麼。反正就是拿了傘，衝出房間。

雷聲已經走遠，不過雨還是嘩啦啦地下。下半身幾乎溼透了，他還是跑著，心想應該也有別人目擊到女人墜樓的場面，但是，卻沒有任何人往 CHANTER 走去。就算是回頭看看 GREEN CORPO，也沒有在任何陽台上看到有人影，幾乎所有的窗戶都拉上窗簾。

——該不會只有我目擊到吧？

不過，在這種天氣之下，這種事也是有可能的，他邊想邊加速往墜落現場去。他斜切過綠地區，穿越道路。從放下話筒到跑向現場所花的時間，大約五分鐘左右。——當他發現被雨敲打身軀的珍妮弗·桑達斯的屍體時，是九點二十分左右的事了。

女人的身體墜落俯躺在建築物和庭園的草地之間。四肢各往不同的方向伸去，金色的頭髮攪亂成一團。眞不愧是外國人。本應該是從裙襬伸出來的纖細美麗長腿，現在反而增加了悽慘的程度。雖然淡粉紅色的襯衫衣領染著濃濁的紫黑色，不過也許是被雨水沖走的關係，並沒有血液滯留。儘管如此，他還是感覺聞到了濃厚的血腥味。

他戰戰兢兢地接近並往臉上瞧去。兩眼睜開著，看起來就是一副已經死亡的樣子。左耳夾著一副大型耳環的記憶到最後仍印象深刻。

他環顧了四周，沒有任何人出現，就連會動的東西都沒有。周遭一片死寂，他突然有一股像是恐懼又像是孤單無援的心情。在陽台那出現的另一個人現在在做什麼呢？他的心底不禁浮起這個疑問。

——該不會，這外國人是被另外一位將她推下來的？

因此那個人也許已經逃走了。爲了去拿歌劇用品而離開了窗戶邊，他漏掉了金髮女人墜樓的決定性瞬間，因爲過於驚訝，所以沒有多餘的力氣想像她爲何會摔下來，這也許並非單純的意外。

——這麼一來，我看到的是殺人現場？

冷不防一股寒意爬上背脊。

救護車和警車的警笛聲劃破夜晚的寂靜向他接近。當他的耳朵聽到了在平常聽起來是很不吉祥的那個聲音時，不禁有種想要放下心來喘口氣的感覺。

發生了什麼事？兩棟公寓的窗戶邊，開始這兒那兒地出現了人影。

*

「內容和剛才我們詢問時的完全一樣。有沒有什麼要附加的？」

對於柳井的問題，串田疑惑地歪著頭。

「你瞭解嗎？只要有疑惑的地方請誠實說出。你說在陽台看到兩人這件事是確實的嗎？會不會剛好是錯覺，其實根本就只有一人呢？」

當時的我不懂，爲什麼警部對那種事抱持著懷疑。

「不是，」串田很乾脆地回答：「有兩個人。」

「有沒有這個可能，你錯將死者、珍妮弗·桑達斯和閃電所造成的影子，看成是兩人呢？」

「不，不會有這種事。因爲動作完全不一樣。」

警部轉而面向我說：「我這樣重複地質問相同的問題點是有理由的。因爲到了現場之後，我立刻就前往珍妮弗·桑達斯的房間巡察，但是房裏空無一人，而且內側還有鍊鎖掛著。」

「什麼？那這是……」

「所以就說是神秘事件了嘛！」

火村很無禮地，在反應遲鈍的我的話尾巴上插嘴。他已經理解警部的話裏有無法理解的疑點。有兩人在陽台上。其中一人墜樓，另一人不知消失去哪兒。可是，如果說第二號人物是因爲某些原因而逃走，從內側門上掛著鍊鎖鎖著的情況就說不通了。

「難道無法不經過門，從隔壁的陽台逃走嗎？」

我問。警部很乾脆地否定了：

「完全不行。那之間有隔板，而且就算是垂下繩子逃走也辦不到吧。」

「如果有這樣做的話，不論我有多麼震驚，我一定都會看到才是。」沒有人問他的串田很心急地插嘴了。

「所以，才會抱持著疑惑認爲第二號人物說不定並不存在。若非如此，那個人就是會用飛的逃走囉。」

「如果實際上沒有第二號人物存在的話，珍妮弗・桑達斯小姐的死就是自殺或是意外囉？」

「陽台的圍欄有到胸部那麼高，很難想像是意外。但也不至於簡單到以自殺事件來處理。因爲房裏沒有遺書，而且……」警部一臉困惑地說：「有住戶聽到好像是她在尖叫的聲音。」

如果是以自我意志跳樓自殺，應該不會尖叫。這麼一來，這起事件的確飄著意外或是他殺的氣味。

「串田你有聽到尖叫聲嗎？」

「沒有。應該是因爲有段距離的關係吧，那時候的雷聲可精采呢。因爲有好幾聲落雷打來，我想尖叫聲應該都因此被覆蓋掉了。」

警部點點頭：「CHANTER 桂的住戶證詞也有說：『覺得有聽到類似尖叫的聲音，但是因爲有雷聲和雨聲所以不確定。說不定只是多想的。』但是，也不可因此忽略證詞。」

我脫口說出突然想到的想法：「珍妮弗・桑達斯會不會是在自己房間以外的地方墜樓的呢？那麼一來，從內側掛著鍊鎖鎖著的說法就——」

「你這不是扯遠了嗎？」

火村扯我的後腿，真是投降了。雖然很後悔，不過我的想法的確漏洞很多。此時串田更是乘勝追擊過來：

「嗯，對於這點我非常有自信，我所看到有人影的陽台，以座標來說，是從七樓的右邊數來第七間。從上面和從左邊數來都是在第四間沒錯。」

「那的確正是她的房間。」警部很沈痛地承認了。

「鍊鎖上有沒有加工過的痕跡？」

「沒有。」警部冷淡地回答。

當我正想著，只要在我們這位視力良好的目擊者主張強調：「那不是錯覺。」的情況下，談話只會陷入死胡同裏呀，這時，門鈴響了。串田按下對講機，對方是大阪府警察本部的刑警。好像有事要向警部報告。串田開了門站著。

「你將被害人的經濟後援者帶來了對不對！好像是一位叫作田宮孝允的男子。」

警部以沈穩的口氣說道，但是得到的回答卻是意想不到的。

「我們終於找到田宮了。真的是燈塔照遠不照近，他現在人在龜岡署。」

「龜岡署？」

對於部下的回答，警部反問：

「怎麼會在那種地方？」

「好像是因爲田宮的夫人因意外身亡。不過就是一小時前的事。」

3

另一個女人，田宮律子死亡的情形是這樣的。

＊

傾盆大雨裏，園部21點22分發車的山陰本線上行、296M號列車遵照時刻表運行，往京都行駛。過了終點前的第九個車站——龜岡，是21點40分。以往該路線是沿著保津川行駛，可以讓乘客賞玩溪谷的美麗景色，不過現在的新路線爲了縮短距離而通過隧道。然而在接近晚上十點的時間，不論是哪條路線，車窗應該都是一片漆黑——

意外現場是在過了龜岡沒幾分鐘的平交道。夜晚有豪雨。根據列車長的證詞，前方的視野非常差。當他看到平交道柵欄已經降下來的鐵軌上有一輛拋錨的金屬亮銀色小型車時，列車正以時速六十公里行駛著。雖然有緊急拉上煞車，但是列車長立刻覺悟到根本來不及。再加上溼滑的鐵道，乘客又少的壞條件之下，煞車根本就不會有什麼效果。眼看就要逼近被閃電照亮的車身。就在無法順利減速的情況下，列車衝撞上小型車撞得粉碎，而且還足足將車子的殘骸推了五十公尺之遠。

——駕駛應該已經逃出去了吧。

列車長在受到了衝撞而搖搖晃晃的列車裏祈禱著，但是願望卻沒能實現。

從如同被揉成一團紙屑般的車子駕駛座那裏，發現了女人的屍體。從駕照上確認了身分，並向其家人聯絡。

＊

「田宮律子、卅九歲。住在離意外現場開車約十五分鐘的地方。推測是在急忙回家的路上，車輪卡進鐵軌，在不知是該棄車逃離還是想再試試看的過程中，電車撞了過來。夫人當場死亡，屍體的狀態已經沒有送去醫院的必要，所以就直接收容在龜岡警署了。」刑警很嚴肅地繼續報告：

「通知意外時，田宮孝允是在自家裏嗎？」警部詢問。

「是的。晚上八點過後從事務所回來，說什麼正擔心夫人的晚歸。據說因爲立刻就聯絡上了，所以十點半時就火速趕到龜岡警署了。」

「有其他的家人嗎？」

「沒有。只有夫婦兩人。」

「嗯，那個叫作田宮的男人是在作什麼的？」

「是在京都市內成立個人事務所的律師。四十五歲風度翩翩的紳士，有傳聞說他即將角逐市會議員的選舉。可以說是有地位也有資產。」

有地位也有資產，也有模特兒的情婦——

「有詢問他關於珍妮弗・桑達斯的事嗎？反應如何？」

「不知是否察覺到否認也沒用，他立刻就承認了兩人是朋友，從半年前開始有關係。買公寓給她的時候是三個月前。當他聽到妻子與情婦在相隔不到一個小時裏相繼死亡的消息，好像有抱頭失神喔！」

「有可能過來我們這裏一趟嗎？」

「馬上過來是不可能的。雖然他本人還算冷靜，並無慌亂失措的樣子。」

「那，我們等一下去那裏。」警部轉向我們：「請二位先看過 CHANTER 桂的七〇七號室後再去吧！」

「好，打攪你了。」

火村說著，串田默默點了頭。在警部反覆說一旦想起什麼事一定要跟他聯絡之後，我們離開了那裏。

「田宮孝允的妻子與情婦在相隔不到一小時的時間裏雙雙身亡，實在不覺得這會是巧合呢！」

我一邊踏過綠地區溼潤的草地一邊說出我的感想，而稍微走在前面的柳井警部，可能正豎耳傾聽火村會如何回答。

「不是巧合的話你想說什麼？是對田宮孝允懷抱恨意的人士所做的連續殺人？還是田宮殺了她們兩人？還是律子先殺了情婦再自殺？你是不是開始亂七八糟地胡思亂想了？」

果眞被他給說中。雖然我也知道現階段裏不論說什麼都只不過是臆測，可是，我就是一點都不覺得在雷雨中，這兩個女人連續死亡的事件會剛好是巧合。當然，關鍵人物是田宮孝允。根據剛才刑警的報告，他晚上八點過後回家就一直是一個人了，所以當然沒有不在場證明。

CHANTER 桂的入口鋪著御影石的豪華地板。照明是垂吊式水晶吊燈，就像是踏進了五星旅館一般。不過雖是高級公寓，卻沒採用自動上鎖系統，也沒有夜間守衛。這樣的話不論是誰都可輕易進入這棟公寓。

我們搭乘著別說是塗鴉，就連刮傷都還沒有的電梯上七樓。在並排著十間房間的走廊上前進，走到了從裏面算出來第四間的前面時，警部停下來。名牌上有用英文和片假名上下寫著死者名字。

「請直接穿鞋上去。桑達斯小姐即使在日本生活，也還是忠實保有她母國的生活習慣。」

雖然我很不願穿鞋直接踩上鋪著室內地板的上面，但是在這裏客氣也沒用。因爲在日本人脫鞋的地方鋪有厚厚的鞋墊，所以我仔細踏掉靴底的泥巴。

有一間 LDK 和三個房間（譯註：LDK 指的是客廳、餐廳、廚房三功能合併的空間）。雖然全都是西式房間，不過這並非住戶改裝，好像是原本就有的。客廳裏裝飾著一幅約半個榻榻米大小，康丁斯基的畫，其他就沒有什麼裝飾品了。有沙發、抱枕，餐桌是黑色的。壁紙和窗簾是白色。以簡約的黑白色調統一，你可說它是如都會般地洗鍊，也可說毫無藝術感可言。

出了陽台，冷風撥弄著我們的頭髮，雨勢變小了。雷聲已經是不論你如何豎耳傾聽都聽不到地遠遠離去了。因爲周圍的高聳建築物很少，所以白天的視野應該是非常好。到了秋天，應該是可以將嵐山的楓紅，如嵌在畫布裏般遠眺的吧。這裏可以從右手邊眺望到遠方架在桂川上的阪急電車的鐵橋，不過這個時間裏是沒有列車通過的。正前方和 GREEN CORPO 面對面，當我看著先前待過的房間周圍時，看到了一位年輕的男子站在窗邊用力地揮手。是串田。

「他的證詞是可以成立的。視力一．〇的話，對面站著的人好像是金髮女性之類的，應該是可以辨別。」

我從約有一公尺高的圍欄挺身低頭俯瞰。就算沒有懼高症，光想著要從這邊墜樓，我的背脊就涼了半截。深深覺得地面非常非常遙遠。陽台兩邊的隔板是緊急時可以輕易打破的那種，可是卻沒有任何異狀。親身來到了這裏我才知道，不論是越過隔板逃到隔壁去，還是使用道具往上或往下逃走，基本上都是不可能的事。

「那邊的角落掉了這個東西。」

警部拿出一個小塑膠袋給我們看，裏面裝有一只相當大型的耳環。

「桑達斯小姐的左耳夾有另一邊的耳環。不知是否因爲舞動，還是第二號人物弄掉的，反正應該是因爲激烈動作而掉落。」

火村不發一語地將該物放回警部手裏。

陽台看完之後是鎖。鎖鏈是警察切斷的，除此之外沒有任何疑點，就連加工的痕跡都沒發現。火村倚著頭聳了聳肩說：「眞是麻煩。很像是你筆下用以餬口的密室兇手耶！」

「是很像啦。不過，最近的推理小說都將現場爲何會成爲密室的必然性作爲題目。這種情況的話，就是先殺了人再將現場做成密室，想要僞裝成自殺或是意外之類的。」

「可是，」火村優雅地反辯，「就常識來想，一個成人會因爲不小心而從那陽台那邊墜樓是不合理的。而且，僞裝成自殺的話，兇手有下很大的功夫在僞裝嗎？比如說遺留一些像是遺書之類的東西，或是將鞋子脫好放在陽台前面之類的。」

「美國人要從高處摔下來自殺也會脫鞋喔？」

這個問題讓火村教授在一瞬間言語凍結了：「不知道。」

雖然我心想，哈哈，你看看你看看，但我並未嘲笑他就先原諒他了。這時警部說：「請看。」拿了幾本雜誌過來。一看到封面，有位金髮美女以挑逗的視線投向我們這裏。她那細長的眼睛具有特別的魅力。

「這位就是在異國遭遇到悲慘命運的桑達斯小姐。因爲是流行服裝模特兒，身材比例想當然爾是非常完美，除此之外，還眞是個大美人。我對於模特兒的臉蛋，可是不喜歡的居多。」警部假裝一本正經地說。他那口氣簡直像在評論新型電腦的使用心得般好笑。

「眞想會一會充滿活力的她。」

火村翻著警部拿來的雜誌，看著已經死亡的模特兒倩影說道，我也完全有同感。

4

我開青鳥載著火村，跟在警部乘坐的警車後面。當我們到達了發生衝撞意外的龜岡平交道時，已經是快要凌晨兩點的事了。從CHANTER桂到這大約花二十分鐘。雨終於完全停了。

「珍妮弗・桑達斯的墜樓事件是在九點十五分左右。田宮律子的平交道喪命事件是在九點四十分過後。還有，從CHANTER桂移動到龜岡，所需時間約二十分鐘。——這也是巧合？」

我一邊拉上手煞車，一邊詢問坐在副駕駛座位上抽菸的火村。他不發一語，默默在菸灰缸裏捻熄香菸後就先下車了。當我正想著，也許他沒有回答我的問題的心情時——

「有栖，你腦海中的假設是這樣的吧？田宮律子突襲丈夫的情婦家，將她從陽台推下後，用了某種方法從掛著鍊鎖的房間逃脫準備回家。但是犯罪過後的興奮和緊張，與壞天氣所帶來的災害，導致駕駛出錯，車輪卡在鐵軌上。看到電車迫近的時候應該要先從車內逃出，揮舞著訊號彈之類的以促使列車長煞車，卻因爲喪失了平常心，而繼續踩著引擎做無謂的努力，終於導致喪命——」

「嗯，大致上說來就是那樣。」

「到目前爲止你都沒有周詳地好好想過，哪能說什麼大致上呀！」

平交道附近，意外的痕跡還很鮮明。雖然應該沒有造成列車運行的障礙，但是平交道內四散零星的汽車碎片，也可以在往東五十公尺左右的路線旁，看到類似被壓扁的小型車殘骸的影子。左右兩邊都是水田，是個半徑五十公尺內沒有住家的寂寞平交道。所以在雷雨中，周遭也沒有可讓陷入突發狀況的田宮律子求救的對象。

「田宮律子的家就在前面。從這裏回去的話，已經可以用走的回去了。」柳井警部靠向我，單手拿著地圖，用手指指著南邊說。從暈開來的街燈光點那方，可以看到稀稀疏疏的住家。

「柳井先生。有件事我想確定一下。」

火村一說，警部就輕聲反問：「什麼事？」

「死去的田宮夫人的耳朵，有爲了戴穿洞式耳環而打洞嗎？」

眞是個沒頭沒腦的問題，不過警部說了聲：「我們確認一下。」就返回警車。五分鐘後得到電話的回答是：「沒有。」而火村則只說了聲：「這樣啊……？」

「這邊已經好了嗎？」

火村回答了警部：「是！」之後，我們兩輛車繼續往南前進。田宮孝允約在三十分鐘前離開了龜岡警署，現在在自己家裡。

「穿洞式耳環又怎麼了？」

我很在意，所以問了火村，他卻只是冷淡地說一聲：「再說。」就閉口不談。

開不到五分鐘我們就到達那間屋子前。雖然離繁華區有段距離，卻不失爲一棟雄偉的建築。等等會面之後我聽說，他們從室町時代就一直住在那裏，我不禁感嘆，這裏不愧是京都。說一下題外話，我也曾從某位京都人那聽說：「我們家和隔壁鄰居，從織田信長到京都開始時，就一直是鄰居了。」而驚奇不已。因爲屋主出現時還需要一點時間，所以火村很稀奇地在那個家周圍繞了一圈。

終於，面容憔悴的田宮孝允出現，說了一聲：「辛苦了。」之後便讓我們進去。客廳裏有一套足以買好幾部車的豪華音響設備、超廣角液晶電視、牆壁那邊的棚架成立了一座CD和錄影帶的圖書館。桌子和整理箱看起來也都很高級，看得出來是有錢人。

「一個惡夢般的夜晚。」有著一頭和年齡不合、滿頭白髮的田宮，將身體埋進接待室的沙發之後，沮喪地說。寬大的肩膀頹喪無力地垂下。他是位五官端正的紳士，不論是作爲可信賴的律師，還是他所目標的市議員，風采都無話可說。

雖然警部誠懇地表示哀悼，不過也毫不留情地立刻言歸正傳，開始問：

「聽說您和桑達斯小姐的往來就是我們俗稱的外遇，請教一下你們是何時認識的？」

「初次見面是在一月底左右，某個高爾夫球場的俱樂部會館裏。當時她和其他模特兒與服裝設計師在一起，但是因爲設計師裏有一位是我的大學同學。所以就來個 AfterGolf（高爾夫下午茶），一起去河原町吃飯喝酒了……嗯，和她很談得來就是了。」

「她是何時來日本的？」

「三年前。爲了學日語而進入京都文化大學就讀，但是去大阪遊玩時，在街上被模特兒星探發掘，之後就向學校辦了休學。不過，託在工作上所學到的日語之福，她的日語很流利喔！雖然她在日本沒有親人，不過她父親的祖母是日本人……」

只看照片還眞是看不出來。

「買高級公寓給她的人是你對不對？冒昧問一下，花了多少錢？」

「六千萬日圓。那附近大致上是那種價格。」

「六千萬可不是小數目。關於那項買賣，尊夫人應該不知情吧？」

「我可不是那種會大聲斥責說什麼，那是我的能耐不准抱怨的風流人物啊！」田宮很難爲情地看著地上回答。不過，可以輕輕鬆鬆買下六千萬日圓的公寓也眞是了不起。

「有個很唐突的問題，您和夫人之間的感情很好嗎？」

「……嗯，算是吧。明明就有情婦還這樣說，實在很像是在吹牛，可是，我愛我的妻子。」

「和桑達斯小姐的關係也很良好？」

「嗯，我想應該是那樣吧。我一個月只會去一、兩次，並且都會避免去干涉到她的生活。所以她應該沒有不滿才對。」

「她的死因究竟是意外？自殺？還是有其他原因，我們還沒釐清。如果是自殺，你知道是什麼原因嗎？」

他搖了搖頭，但是又停了下來：「我想不出來有什麼。不過，就像我剛才說的，她的生活我並未深入去瞭解，所以不知道她會有什麼樣的煩惱。」

「你們最近的一次見面是什麼時候？」

「上個星期天。」

應該是以去打高爾夫球爲藉口，去了CHANTER桂的吧。可能是因爲我討厭打高爾夫，所以我個人認爲高爾夫會流行的理由之一，就是那種時候很好用。

「那時她的樣子有沒有什麼不一樣的地方？」

「沒有。像平時一樣。」

關於珍妮弗·桑達斯的死，不論問他什麼，都只是重複說著不知道而已。雖無證據指出他在說謊，但我直覺在他風度翩翩的紳士外表之下，說不定骨子裏是不能相信的。會這樣說，是因爲他的眼神游移不定以及一副怎能讓你們看到破綻般的警戒之色。在這個痛失所愛兩個女人的惡夢夜晚，他到底是在保護著什麼？我不知道。難道有那件事如果曝光了就會沒救的眞相藏在他背後？

「關於桑達斯小姐的死有很多疑點，我們無法排除有他殺的嫌疑。現在要問一個難以啓齒但又非問不可的問題，田宮先生，您今晚九點左右在做什麼？」

田宮像是吃到了黃連般歪著嘴角：「不在場證明啊。很遺憾的，我沒有。因爲在八點過後回到家，到接到意外發生的通知之間，我是一邊悠哉地聽著雷雨聲一邊看著電視的。」

「夫人是去哪裏嗎？」

「早上我聽她說要去京都市內購物。不過因爲實在很晚，所以我有種不好的預感覺得會不會是出事了。」

「那一輛小型車是夫人的嗎？」

「是的。因爲我自己是開別輛車上班，但是今天——不對，昨天，本來是要和朋友吃飯喝酒，所以搭電車上班。不過因爲對方的個人因素而取消了，所以我就在事務所附近吃了晚餐，早早回家。」

「你知不知道有誰會怨恨桑達斯小姐？」

「我不知道。」

「她在墜樓前，房裏還有另外一個人的事實是確定的。我們推測是她自己打開了鍊鎖招待那人入內的……」

「我不知道耶，我又無法掌握她會找什麼朋友去。」

警部瞄了一下火村，用眼神示意他發問。於是副教授開口了：

「有沒有可能夫人已經知道你的外遇了？」

「絕對不可能。」

很決斷的口氣。我斜眼看了一下火村，看到他一副很滿意的臉色。因爲是在問可能性方面的問題，怎麼回答得出絕對沒有呢！然而對方卻不分青紅皀白地頑強否認。即使考慮到他現在應該不是在普通的精神狀態，但是反應也太不自然了。火村一定是在自滿，他引出了那個不自然的癥結點。

「桑達斯小姐有沒有除了你之外的戀人？」

律師很明顯的已經生氣了。他瞪著火村，激動地說：「那種事，誰知道。」

「我知道了。那我換個問題。田宮先生回家的時候是晚上八點過後。當時有下雨嗎？」

「還沒下雨。好像是快九點的時候才開始下的。我沒有一邊看手錶一邊觀測天空，所以記得不是很清楚。」

我不太瞭解火村問這個問題的意圖，不過昨晚的天氣眞的很怪。雖然我無法斷定到底是因爲哪一種氣象條件而造成，反正就是雷電交加。根據串田齊的說法，CHANTER 桂附近從八點半開始將近一個小時，天空到處充滿閃光，可是等我們到達現場的十一點左右時，閃電不也還在騷擾著天空嗎？當我在想著這些事的時候，猛然驚覺死去模特兒的名字桑達斯裏不正有個雷（thunder）字嗎！難道是因果？不過，這種事對於事件的解決無濟於事，還是不說的好。更何況寫法不太一樣。

「您當時看的電視節目是什麼？」

「九點之後我才開始看起電視。我看的是電影劇場的《砂之器》。」

因爲是很有名的電影，應該不是第一次看了吧。所以詢問電影的內容，一點意義都沒有。不過可以窺見火村是在從這類的問題中，檢查田宮的不在場證明有沒有破綻。

「夫人的開車技術如何？」

「她開車很謹愼，很難想像爲何會開進平交道。也許是因爲想到回家時間晚了，所以心急。」

聽了那個回答之後，火村沈默了。然後開始了他沈思時的習慣，將食指放在嘴唇上緩緩摩擦。

已經好了嗎？警部又用眼神詢問，火村不發一語地點頭示意。可是那些問題好像都沒啥交集耶，眞的好了嗎？

於是，當警部決定要換手繼續提問題的時候，火村抬起了頭嚴厲地說：

「田宮先生，你說你從八點過後回家，到接到意外發生的通知之間，一直待在這個家裏面是騙人的。」

5

律師震驚地呆呆回看火村：「你在說什麼，眞是無禮。協助警察我是不遺餘力，多多少少的不合理還可以忍耐，但是像你這樣的支援辦案者過分模仿的話，我可是要提出告訴的。」

火村根本不理會他的抗議：

「如果不在這裏，會是在哪裏呢？你昨晚九點十五分，不是在 CHANTER 桂嗎？」

不論田宮想要說什麼，火村都不給他機會，繼續滔滔不絕地說：

「桑達斯小姐的死有非常不合理的疑點。墜樓之前，陽台上除了她之外好像還有一人。這是住在對面公寓的目擊者的證詞。可是，當她墜樓之後警察上去她的房間一看，門是掛著鍊鎖的，將那切斷後進入室內，卻沒有半個人。那位目擊了她的死亡眞相的人物，到底消失到哪裏去了。那號人物是誰？去了哪兒是用什麼方法消失的？爲何消失了？這些答案是我們在搜索的。然後，從你說的話裏，我似乎終於發現了可以串聯的解答。」

雖然火村說田宮孝允的話裏有謊言，可是那指的是什麼我不知道。警部也一樣，困惑的雙眼眨呀眨的。然後，當律師的嘴巴像金魚般一張一合的時候，副教授又更不留餘地地說：

「你說的謊言我等一下再點出來，先直接曝光在珍妮弗．桑達斯房間的第二號人物的身分吧！是一位女性。我認爲正是尊夫人。」

「有證人說是女性嗎？」田宮不滿地反唇相稽。

「沒有。我是從掉落在現場的大型夾式耳環推測的。」

「那可能是珍妮弗的。」

「錯了。」火村斷言：「雖然生前我沒見過她，卻有看到不少張照片。從她正面短髮的特寫就可知道，她爲了要戴穿洞式耳環而在耳朵上打洞。有打耳洞的女性，正常說來應該不會想垂戴大型夾式耳環讓耳朵痛苦的。所以掉落該耳環的主人，是不戴穿洞式耳環的女性。就像尊夫人一樣。」

田宮又再度陷入了失語症，一副詞窮不知如何反擊的樣子。

「珍妮弗．桑達斯在墜落到地面的短暫時間裏，有發出尖叫聲。陽台的圍欄高度完全符合預防大意墜樓意外的高度。所以意外那條線極爲薄弱。自殺的話也不自然了。這樣一來最可疑的就是他殺。如果當時在一起的是尊夫人，就有殺人動機了。那是對情婦的怨恨。我是不知道被害人招待情夫的妻子進入房間的經過，不過也許夫人最初是很冷靜地想要好好相談的吧。可是卻在談話過程逐漸激昂，演變爲在陽台上爭吵，之後因爲過於激動而導致將對方推下——」

田宮的嘴繼續爲了尋求氧氣般而抽動。

「與其說是殺人，不如說是意外還比較合乎情況。住在對面公寓的證人，爲了要看得更清楚而去找了歌劇用品，所以沒有看到犯罪發生的決定性瞬間。證人看到了珍妮弗．桑達斯的墜樓而著急了，開始往電話那走去。所以，證人又因此漏看了什麼嗎？是夫人的消失現場啊！因爲殺了人而陷入恐慌的律子夫人，突發性地越身而下啊！」

「亂七八糟！」律師終於又說話了：「內人並不知道珍妮弗的存在。」

「那應該是你期望性的推測吧。都買了六千萬日圓的東西了，怎還能保證夫人可以完全被蒙在鼓裏？說不定還委託了徵信社調查清楚了呢！」

「那個夾式耳環是內人的不過是臆測。最重要的是，另一邊不是掛在珍妮弗的耳朵上嗎？」

「咦，我什麼時候有說過那件事？」

田宮的臉色瞬間慘白。

「你掉入了我的語言圈套喔！原來眞是你動的手腳。因爲剛好和朋友的約會取消，你昨晚往CHANTER桂去了。在那裏你應該是目擊到了雷鳴中的悲劇現場吧？連續從空中落下來的兩個女人。你應該立刻察覺到是發生了什麼事。然後，與其傷悲、後悔自己的不忠，卻眞實地驚覺到身爲律師、身爲下期的市議員，怎能負荷惡夢般的醜聞。珍妮弗・桑達斯的屍體放著不管沒關係。反正先將妻子的屍體帶走。情婦如果是日本人的話就會在房間脫靴，遺留下來，不過你的情況就不用爲了清理這些東西而要上七樓一趟。又好像沒有目擊者，更幸運的是，你立刻看到了夫人所駕駛的小型車。你決定將夫人放進車裏逃走。這時你發現妻子的耳環有一邊不見了。既不知道它掉在哪裏，也沒時間去找回來。於是便將留在夫人耳朵另一邊的耳環給情婦戴上。這樣一來，即使另外一邊是在公寓裏發現的、或是在墜落現場附近發現的，都不成問題了。只是你沒想到我先前所講的那種不自然的癥結點。」

誰都無法阻止滔滔不絕、喋喋不休的火村：

「可是，該怎麼處理墜樓死亡夫人的屍體卻成了問題。也許你想過要將屍體滾落在哪一棟高層建築物的下方，但是短時間卻又找不到可以讓警察很自然地認定是意外的地點。加上從夫人身體流出來的血玷污了車內座椅，所以如果可以，車子也有必要一起處理掉。這時你想到的計畫是利用你家附近的那個寂寞平交道，讓車子與電車相撞。你應該有想到，這樣一來，身上的創傷剛好也可以僞裝成是鐵道意外造成的，那就可以矇騙過去了。」

「等、請等一下，火村教授。」終於切斷他的話，讓他停止的是柳井警部：「夫人因鐵道意外當場死亡的具體報告出來了。電車壓過的並不是已經死亡的屍體喔！」

「如果是這樣的話……」火村愁苦地說：「夫人應該是在瀕死的狀態，還活著的吧。也許是因爲沒掉落在地面，而是掉落在草地上而剛好免於一死。不過，光想像都覺得殘酷得令人打冷顫。」

我的雙手手臂突然豎起了雞皮疙瘩。那樣殘酷的事情是眼前這男人的所作所爲嗎？

「你故意將車子卡在平交道鐵軌，然後將仍有微弱氣息的夫人身軀移至駕駛座。雖說那邊人煙稀少，不過也無法預測會有誰通過，或是會有其他的車經過，所以你應該事先計算好了電車接近的時機。然後在設計好車輪卡在鐵軌的意外後下車，走路回家。因爲走路只需五分鐘，所以在屍體的身分曝光、接到通報告知之前，你可以很悠哉地回家。」

田宮咬著唇，默不吭聲。

「如何呀，有栖。」火村轉過頭來看我：「這樣一來不就說明了密室之謎嗎？」

「是那樣沒錯啦……」

的確是可以說明。加上從剛才田宮孝允說溜嘴時的表情來看，他的嫌疑無庸置疑。只是——

「有證據嗎？」律師用盡力氣，擠出聲音說。那點也正是我擔心的。

「證據？你該不會剛好相信這種毫無計畫的完全杜撰式犯罪是不會遺留下證據的吧。只要好好挖掘絕對會挖出一座山喲！找出律子夫人對於你的不忠，所查探出的行跡是可能的，還有昨晚她的行動追查，只要警察著手調查應該也不是難事。我們也可以期待在七〇七號室找出夫人的毛髮吧。

對了，可以瀏覽一下貴府的相片簿嗎？也許有放著夫人的耳朵剛好垂掛著慣例耳環的照片。更別說司法解剖的結果是引人注目的。因爲墜樓死亡和鐵道意外所造成的屍體損傷狀況是不同的。就算是車內的血跡，也會發現奇怪的疑點喔！」

對方完全無法回嘴。火村繼續攻擊的手段也沒有和緩的意思：

「你實在是很不會說謊。我才不相信你一直待在家裏。你說你看了電影《砂之器》？這也很不合理。剛剛我經過客廳時，親眼看見在錄影帶收藏櫃裏有那一片。那你還會去看電視的重播？」

「……那種事，怎能是這樣下定論的。」反辯的聲音愈來愈弱了。

「還有，即使你知道天氣是變化的，不過還是不能相信。你說你聽著雷聲和雨聲悠閒地在家對不對？」

火村突然站了起來，走向窗戶邊，打開窗簾：「我一來到這兒，就先漫無目的地繞了住家一圈而發現的。請問你，內側庭園裏的那棵樹怎麼了？」

應該是棵還很小的樟木吧。尖端已裂，成半倒狀態。

「很明顯的是打雷的痕跡。雖然可說是我沒問到你，不過，庭園有雷打下來，你卻沒說出，實在很難理解。」

對著臉色繼續黯然的男人，火村說：

「你要叫律師嗎？」

Rune 的指引

1

火村的房間一如往常，東西放得亂七八糟。從三面牆壁的書櫃裏滿溢出來的藏書、與散亂四處，還放在航空郵件信封袋裏的海外文獻、才剛開始寫的論文的 memo 等等，完全沒有立足之處。雖然我昨晚已先打過電話告知今天的來訪，不過他應該是絲毫沒有想要打掃好房間，迎接客人的想法吧。哎，其實我們半斤八兩，我也不會因爲他說要來就開始整頓自己的房間。

「你是來這邊作截稿日結束的氣氛轉換嗎？還是您是來找靈感的？老師！」

我——有栖川有栖會被火村教授用這種調侃意味來稱呼的原因，好像是因爲我只是推理作家裏的無名小卒。

「才不是那樣。我是關心您的安好而來，教授。」

我迅即以教授回稱的理由是因爲，火村英生是英都大學社會學部的副教授，專攻犯罪社會學。卅三歲和我同年。我們從大學時代起就是朋友，一直到現在他進入研究所，搬到這個在京都北白川的租屋地點應該已經十五年了。

「我是沒有從聽你說的故事找出寫作靈感的經驗，不過如果有好玩的故事，我很樂意聆聽。」

「你看看，不正是來找靈感的嗎？」

他搔著他那一頭蓬鬆顯眼的少年白髮，很沒禮貌地說。我從大阪過來這裏的目的，是要將之前向這位生了蛆的單身漢友人——其實我也差不多——所借的書歸還，絕對不是期待著等他提供推理小說的靈感。不過——事實上，仔細想想，從他那找到作品的題材倒也是事實。

「喂，不過你是在玩什麼？桌上怎麼放著一堆奇怪東西。」

當我正準備將所借的日本犯罪社會學會誌放在桌上唯一的空隙時，視線停留在滾放在桌上的那些奇特小東西。上面並排放著幾顆麻將牌左右大小、薄薄的石頭。上面分別刻畫著不熟悉的記號。

「咦，沒有花紋，是占卜嗎？」我問。

火村從堆積如山的書本裏挖出菸灰缸，並點上駱駝牌香菸：

「嗯，是呀。本來是在找別的東西，結果就突然從抽屜深處將它們挖掘出來了，所以現在正是在給它們見見天日，邊曬一下太陽邊把玩。這個名叫作 EIHWAZ 的石頭告訴我：『不可以焦慮。現在是等待的時機。』」

名叫 EIHWAZ 的石頭，這我倒是第一次聽到，不過大致上可以猜到是什麼東西。

「那是什麼呀？該不會是受了什麼奇怪宗教的影響吧？」

「你該不會將它想成是新興宗教吧。亂講話！這可是比新約聖經還要古老的 Rune 文字的神諭呀〈譯註：Rune 文字指的是北歐古文〉。要不要來占卜一下你那身爲推理作家的未來呀？」

「拜託你。你這討厭占卜的知性派，說的是什麼鬼話。」

我一邊嘆氣一邊準備往桌子靠過去時，堆積如山的書本崩落了。慌慌張張的我急忙停止了靠上去的動作。

「不要那樣責備我嘛。人是會變的——跟你開玩笑的，這其實是某個案件的紀念品。……嗯，大概是兩年前的事了，說不定是你偏好的案件呢！」

「是和這些寫有 Rune 文字之類的石頭有關的案件嗎？」

我拿起一顆石頭仔細端詳：「還眞是沒聽你說過耶！」

「我要說了，快先泡杯咖啡給我喝！」

我連：「好啦！」都沒說就走向廚房。火村只有對於自己下廚這件事有良好習慣，所以那邊整理得乾乾淨淨。我在熟悉的廚房泡了兩杯咖啡之後回去一看，副教授已盤腿就座，把玩著那會告知神諭的石頭。嗯，不對，他並不是無意義地隨手把玩，感覺上好像是在特別選出某些特定文字石頭的樣子。

「現在我要開始說的案件裏有四顆石頭登場。」他在榻榻米上排列著選出來的石頭：「這也是個和我那間大學的英文學講師有關係的案件喔！」

火村喝著加入大量牛奶的咖啡開始說起來。我將書本推向一旁，往騰出來的空間坐下，豎耳傾聽。

加入警察的搜查現場，進行犯罪研究是他的做法，也就是他自己獨特的「實地考察」。在他的協助之下促成破案的實例很多，而我到目前爲止也有多次和他一起進入現場的經驗。亦即，火村除了是私立大學副教授之外，還有另外一個叫作偵探的身分。

對於那樣的他，我稱之爲「臨床犯罪學者」。

2

參訪嵐山的觀光客一定要走的橋，是架在桂川上的渡月橋，不過，往上游追溯的話，溪流的名字就變成了保津川，是一條溪谷不那麼險阻但很美的溪流。還有一座以下保津川爲名的保津峽（譯註：下保津川，搭渡船順著溪水往下游去的觀光活動之一）。那是個新綠炫目的五月早晨，火村（HIMURA）接到喬治・渥夫（George Wolf）打來的：「希望你盡快趕來。」的通知之後，便急馳座車沿著溪谷右側行駛。

「HIMU。你，警察，認識很多，不是是偵探嗎？請你請你一定要來一趟。」

通常總是說得很流暢的日語，在這天早上的電話裏表現得七零八落也是不得已的。因爲無論如何，好像是捲入了殺人案件。

火村連詳細的情況都沒問，立刻就開始行動了。首先是將今天下午的兩堂課停課，然後打了一通電話給京都府警察。當他聽到，要趕往現場的是幾度一起參與搜查的柳井警部後，便如旋風般從北白川的狗窩急馳而出。

國道離開了溪流往山裏進入。在登上一個陡坡之後，植滿北山杉的美麗山林在周圍遍布。應該是和川端康成寫《古都》時的風景一樣，沒什麼改變。加上因爲薄霧薰染的關係，山林看起來更加高雅了。火村一邊想著，渥夫說的現場應該快到了，一邊操縱著方向盤注意周遭。

當到達了目的地，在稍微偏離小徑的地方所建的小木屋之後，火村向附近的刑警報上自己的名字，麻煩他去向柳井警部傳達一聲。

「您來得可眞快。我們都在等您喔！火村教授。」摸著寬闊額頭出現在玄關的柳井警部，看到突然出現的副教授卻一點也不震驚，還說了那種話。

「難道是從縣警本部那裏傳來了，那傢伙要去那裏哦的消息嗎？」

當火村這樣問的時候，比火村低一個頭的警部抬頭使了一個眼色，竊笑了起來：

「不是。是從您的同事渥夫教授那邊聽來的：『我打電話給火村教授了。他要來。』。他因爲擅自作了決定而顯得有點不安，不過我倒是覺得幫我們省了不少時間。」

「您眞是會說話，警部。」火村將頭歪向一邊看著警部說：「野狼（Wolf）教授還好嗎？」

警部的眼神稍微瞥了一下。不知道是也將他帶來了還是怎樣的，渥夫就站在那邊。

「聽說出了一點麻煩。」

火村打趣道，卅四歲的英國籍英文文學教授，兩手叉腰地搖頭否認：

「這不是迷了路還是怎樣的。是很嚴重的案件喔，HIMU。」

雖然火村對喬治說過，這個綽號對無神論者的自己來說讚美歌是一點都不適合（譯註：HIMU音同hymn〈讚美歌〉故而一語雙關地表示），不過對方非常喜歡用這個綽號，總是這樣叫他。喬治的表情雖然僵硬，不過因爲偵探的來到，他的神色好像也稍微安心了。

「詳細的說明先從我來吧！等一下再和渥夫教授說。」

「那待會兒見。」偵探說。

綠色眼睛的同事輕輕地揮揮右手。火村也以同樣的動作回覆，之後就在警部的引導下前往二樓內側。也許是因爲這房子是向日本人承租的，所以必須要脫鞋換成室內拖鞋。

被帶去的地方正是殺人現場。六疊大左右的房間裏有床、洗手間、書桌。在那間和山中小木屋的外觀完全不搭軋，如同隨處可見的商用旅館般的房間裏，只要是看得到的地方都灑著爲了檢測指紋用的鋁粉。屍體早已被搬走，就連鑑識課員都沒半個。

「被害人是面對那張桌子斷氣的。左肩胛骨的下方被刀刺殺。」

往警部用手指指的方向看去，地上只留有少量的血跡，並沒有很悽慘的樣子。桌上也沒有任何血滴。

「被害人的名字是李賽門（Simon Lee），卅五歲。華裔美國人。聽說是芝加哥的出版社編輯。因爲要參加在東京開辦的書展，而在四天前來日本，到達這邊的時間是昨天下午的事。」

「我聽說這家的主人是他的朋友，沃立希・傅洛思（Ullrich Froese）先生，所以他是因公來日之後順便來旅遊嗎？」

這件事火村在電話裏曾聽渥夫提及。

「是的。傅洛思先生是九年前在美國時就認識的。去年也是來日而順便在這邊停泊了兩天。」

關於屋主沃立希・傅洛思，火村只知道他是在洛南大學教授德文的德國人。剛才從渥夫那邊得到的情報只就有那樣而已。

重新再看了桌上，有一個不知道放了什麼東西，鼓鼓的皮革袋，袋子旁邊有本《凌晨亡靈》的恐怖小說單行本。著作者是S・皮安松，譯者是辻佐治。雖然很在意裝在皮革袋裏的東西，不過這個我們稍後再說。

「案件發生的時間是什麼時候？」

「死亡推定時刻是昨晚十點到十二點。在那個時間裏，其他的關係者全都在客廳閒聊。被害人好像是因爲累了想先去休息，而在九點過後就一直關在這個房間。」

火村戴上黑色絲綢手套，打開衣櫥一看。裏面有看起來像是被害人的西裝和 Samsonite 的行李箱（譯註：Samsonite 是北美知名行李箱廠牌）。他轉向警部說：

「那些關係者，是什麼樣的人？」

「請等一下。」警部打開手冊：「因爲外國人的名字很難記。嗯，首先，是沃立希・傅洛思先生和安魯貝魯緹內夫人。法國籍的安娜・雷內女士。再來是英都大學的喬治・渥夫教授和翻譯家的辻佐治先生。以上共五人。當然只有最後的辻先生是日本人。」

「喔，因爲被害人是美國人，所以全員的國籍都要不一樣嗎？這些人員感覺上像是會在京都開首腦會議的成員呢。好像還需要數名翻譯。」

火村稍微看了一下，垂掛在衣架上的直條紋西裝的名字之後，就伸手去摸所有的口袋。掏出來的東西有縐巴巴的手帕、護照、皮夾、旅行支票、名片夾——裏面的八張都是在東京時商談對象的名片——、小手冊、商務旅館的收據、一間叫作「辻馬」酒家的火柴盒、還有不知道是不是爲了要當紀念品，有一個摺得好好的新幹線紙杯。

打開護照一看，看到了已經死去的李賽門的臉。是一位有著垂垂的眼角，長相陰柔的男子。雖然有白種人的風貌，不過一看即知混有東方人的血統。

「這您就不用擔心了。別說是辻先生和渥夫教授了，在日本住了八年的傅洛思夫婦也都會說日文。英文也ＯＫ喔！」警部苦笑道：「不過，我本身是不會說英文啦。所以必要時打算找口譯來，不過，有會說英、法、德文的火村教授來到這兒，那就沒問題啦！」

「我的法文跟德文只能夠問路。不過說到辻佐治，他是桌上那本書的譯者對不對？」

「對。因爲是傅洛思先生的朋友，所以他翻譯的書在這個家裏隨處可見。不過這些書對外國客人來說是看不懂的書就是了。」

火村安靜地關上衣櫥：「推測兇手是在這五位關係者之中嗎？渥夫先生很擔心這件事。」

「因爲還在初步搜查階段，所以無法下定論，但是這個可能性極爲濃厚。沒有在任何地方找到可以推定是外部的人侵入的痕跡。不過倒是有偽裝成外部侵入的痕跡。」

「這個說法太拐彎抹角了，實際上到底是怎麼一回事呢？」

「內側的門鎖被破壞了。如果只這樣看的話，應該是有什麼人爲了要偷東西而侵入，但是這個說法實在太牽強了。因爲昨晚天剛黑的時候有下小雨，如果有侵入者，應該會在這附近遺留不少足跡。然而卻沒看到半個可以認定是那種痕跡的影子。從這點來看，反而是從內部犯罪的說法比較有力。」

「內部的人有：沃立希・傅洛思、安魯貝魯緹內・傅洛思、安娜・雷內、喬治・渥夫以及辻佐治，共五人。」火村朗誦著。

「沒錯。因爲那些人有犯罪的機會。——等一下我們再去聽他們的說法。」

兇器、動機等，雖然有很多想問的事，不過火村卻先問起了關於桌上的那個小小皮革袋。

「啊，是這個嗎？」

警部戴著手套將那個袋子拿了起來。不知道裏面是放了什麼東西，發出叮叮噹噹的聲響。

「是很特別的東西。我可是第一次看到。」

他邊說邊將袋口的細繩解開，將袋子整個反轉，將裏面傾倒一空。發出喀啦喀啦的聲音，掉出許多形狀一樣的小石頭。像是將麻將牌以五厘米左右厚度切片的小石頭上面，描繪著一些意義不明的符號。

「看了也不知道是什麼東西。這個是什麼呢？」

「是被害人愛用的占卜道具。上面刻的模樣據說是Rune文字。」

火村探出頭來看了看石頭。雖然是沒有看過的文字，不過也不是什麼詭異的東西。大致上都是一些像英文字母親戚的形狀，比如說有酷似H、I、M、X文字的，或是像是將B、P、R的圓角變成稜角的。和英文字母不一樣，它的特徵是每一個文字都完全沒用到曲線。

「不只是用寫的，而是刻過之後再用墨水描過呢。……Rune文字啊，這樣仔細看的經驗我也是第一次。」

「從紀元前，歐洲就有的文字，與其說是咒語，還不如說是偏向宗教性質的東西喲！關於這一點，傅洛思夫人應該會跟我們解說。因爲她也挺熱衷這個占卜的。」

火村數了數有幾個：「有廿一個呢！」

「實際上是有廿五個。這是因爲——」警部從上衣的口袋裏拿出一個塑膠袋。上面貼有證物號碼的那個袋子裏，放有四顆一樣的石頭。「這是因爲被殺的李賽門先生，右手緊握著這四顆石頭。」

那四顆石頭是這個樣子的。

ᛞᛟᚦᛉ

3

準備要按照順序請關係者來問話了。場所是在傅洛思先生的書房。向北的那一面牆壁有一整面書架，在皮革製成的封面上寫著燙金文字的德國語文文獻裏，混著一些日文的書名。西側是片一層金屬製窗框的大窗戶，遠處廣闊的北山杉蒙上一層薄霧的樣子，就像是裝飾著東山魁夷的畫一般（譯註：東山魁夷，日本近代西洋畫家，以畫山林水色居多）。

最初被傳喚的是屋主傅洛思夫婦。傅洛思先生他那輪廓如雕刻般的臉龐充滿著憂鬱的顏色，像手套一般厚的雙手放在膝蓋上正襟危坐，和火村與柳井面對面。有著明亮金髮的安魯貝魯緹內夫人則是不安地玩弄著掛在胸前的木製吊飾，張著一雙大眼徬徨地看著房間四周。儘管他倆是卅七歲的同年夫婦，不過夫人看起來比較年輕。

「我是在芝加哥時認識了賽門。第一次認識是在朋友的家庭聚會裏。那是九年前的事了。」

關於和被害人的關係，傅洛思先生用低沈的聲音開始說話。他在大學時代研究日本文學，和同一小組的安魯貝魯緹內戀愛後結婚。當時會在芝加哥，是因爲移居美國的雙親死亡，留下了遺產問題，不得已被迫住在那邊將近一年。然後，當問題解決，龐大的遺產入手之後，他們就沒有回去德國，而直接來到了以前就很嚮往的日本。夫婦一同在某間大學留學，然後畢業。現在則分別在不同大學當德文講師，一邊維持生計並且繼續研究。這裏雖然位於京都市內，卻離市街非常遠，應該是受了川端文學的影響吧。

「來日本之後，我們和賽門也一直有通信。去年他也是因爲工作來日本，還順道來京都觀光並且來我們這邊玩。因爲他曾說，東京和芝加哥、洛杉磯差不多，一點都不好玩。」

「除了去年和今年之外，還有見過面嗎？」警部以自己的母語繼續問道。他們已事先說好，一旦對方答題有困難，火村會用英文或德文來翻譯。

「沒有。」

「昨晚好像有很多客人，其中有李先生認識的人嗎？」

「我想應該是沒有。……嗯，我所知的範圍內沒有。」

「夫人您也是那樣想的嗎？」

安魯貝魯緹內只回答了：「對。」

「昨天，客人很多的原因是爲了什麼呢？是誰的生日 Party 嗎？」

「不是。我們就算不是生日也常常會聚會。是在右京區的教會裏認識，大家變成了朋友。因爲我家離市區比較遠，加上房間很多，所以一旦在這裏聚會，基本上都會請大家在這裏過夜。」

「李先生剛好是在大家聚集的這一天前來的嗎？」

「不是這樣的。我們是配合他要來的那一天而聚會的。賽門喜歡熱鬧，而且他說想和住在日本的外國人聊天。他是因爲開始了在美國出版日本書籍的工作之後，就對日本好奇了起來。」

「然而，終於來的李先生因爲累了，所以立刻就回到自己的房間了對不對？」

「對。來日本的飛機因爲出了一點麻煩而晚到，所以他的時差超出了預定的時間而亂成一團。本來是傍晚到達的他，打算在旅館好好休息的，但飛機卻在早上到達。於是到了日本之後，他必須立刻趕往書展會場，所以身體應該很疲倦。」

他的日文非常明白易懂，看起來是不需要翻譯的。

「除了很累之外，李先生有沒有異樣之處？」

夫妻互相看了對方一眼，異口同聲地回答：「沒有。」

「在聚集的人裏面，有沒有看到以前就認識的人，而驚訝的樣子呢？」

不是沒有，是沒有察覺到。夫婦倆異口同聲地明確回答。態度非常自然，毫無虛僞做作。

警部抿了抿嘴唇，問了下個問題：「那……可否再詳細說明昨天李先生到達這邊的情形？」

李賽門到昨天中午之前，都是在東京度過，商談全部結束後才坐新幹線進京都。傅洛思先生開車去京都車站迎接，到達這邊的時候大概將近五點了。據說他一直不斷嘟囔著：「這次的出差很辛苦。」當問到他工作的成果時，他說：「還不曉得，但值得期待。」當他在房間稍作休息時，其他客人們陸續到來，等所有人都到齊的時候是六點。夫人端出自己拿手的德國料理，開始吃飯的時候是七點。遠來的客人、李是話題的中心，那段時間可說非常地和樂融融。當說到以日本爲話題，愉快地談話是「超豐盛」時，傅洛思先生微笑了。

「賽門很健談，說了一堆大家都很有興趣的事。像是棒球啊、日本和中國漢字的不同——」

「還有 Rune 的話題。」

夫人突然天外飛來一句話。丈夫閉上嘴，斜眼看了一下她。

「說到 Rune，就是他手裏握的石頭上面刻的文字對不對？那是一個什麼樣的話題呢？」

火村仔細觀察夫婦倆的樣子。夫人像是終於輪到自己說話般，很有自信地抬頭挺胸，而丈夫的表情稍微變得陰暗，彷彿遇到麻煩事。

「他說了關於 Rune 文字與 Rune 占卜的話題。」

傅洛思夫人很認眞地用日文再現當時李說過的話。如果比喻成顏色，她的聲音就像清澈湖水般美麗，偶爾她還會加入自己的想法，眉飛色舞地說著。大致上說來是這樣的——

關於謎雲重重的 Rune 文字（它的羅馬拼音是 futhark）的成立之說有很多，不過最主要的是，在紀元前一世紀左右時，以北伊特魯利亞文字（當時，義大利最強的民族是伊特魯利亞人）和阿爾卑斯文字爲基礎而產生的。當然，當時早已成立了希臘和拉丁語系的羅馬拼音，所以它也成爲其中的一個分派。Rune 文字是由盎格魯・薩克遜民族帶入英國，再經由維京海盜傳播到黑海，並在整個歐洲散播開來，但是，據說最後在中世末期的愛爾蘭，已經幾乎沒使用了。

Rune 文字的特殊性既非它的成立過程或是形狀，而是它的用法。沒有被語言影響的這個文字，連書寫用字形都沒有，只有以類似雕刻的形狀，遺留在那些像是紀念碑的石碑、武器、戒指、扣環、酒杯、和維京海盜船的船首等地方。好像也有商人們爲了記錄交易買賣，而發現有雕刻在木板上的，不過，Rune 文字是專門用於咒語巫術，諸如預言、祭祀、神諭、除魔等等。這種用法就和 Rune 這個字所表示的一樣，語源是 rūna = 秘密（古代薩克遜語）、rūn = 秘密（古代愛爾蘭語）、rūne = 秘密的耳語（中世高地德語）等等。然後，爲了解讀這個文字所預告的秘密而有 Rune Master 的巫師存在，據說深受民衆尊敬。

「我從以前就對 Rune 很有興趣了。這是因爲在我體內除了擁有日爾曼民族血統的同時，也有從母親那邊承繼的斯堪地那維亞（北歐）血統，說不定正是因爲混有遠祖祖先、維京血統的關係。尤其對北歐人來說，Rune 已經是超越文字以上的存在了。北歐航空公司爲了紀念乘客航線納入日本，在日比谷公園一角立碑，那上面刻的也是 Rune 文字喲！」夫人說。

「原來如此，我瞭解了。」警部對她微笑。「可是，和北歐無關的華裔美國人的李先生，是 Rune 文字的愛好家，想起來還眞是不可思議。」

這時直接回答的是傅洛思先生：「是那樣的嗎？這不正是美國人喜歡的事？這和試作瑜珈或禪用以冥想是一樣的喔！不知道是否因爲歷史較短，引發了信奉實用主義的反動情緒，導致一部分的他們對於神秘事物非常憧憬。至於賽門的情況，他的那種憧憬情懷不在祖父母血統的東方，而是飛向了古代和中世紀的歐洲。Rune 占卜的地位對於維京人來說就像是易經或塔羅牌，所以覺得很稀奇吧。」

雖然是靈活運用日文交談的口才，但是那個口氣，卻迴盪著對於已故之人或是 Rune，甚至是對所有超自然的東西揶揄的聲響。夫人面無表情地補充說明：

「因爲沃立希最討厭占卜了。所以，他說的這種東西是美國人偏好之類的，只是他的偏見。日本也有愛好家呀，希特勒對 Rune 也有興趣。」

「我只有占卜這個興趣和內人與賽門不合。」傅洛思先生露出苦笑：「因爲我覺得很愚蠢。」

「現在不是討論興趣不興趣的時候，」警部咳了幾聲，將那四顆石頭從塑膠袋中取出。「這是李先生手中握的石頭。這四顆有什麼意思嗎？可以請您解說一下嗎？夫人。」

安魯貝魯緹內探身向前看，稍微想了一下之後，就邊搖頭邊抬起臉說：「我不覺得這些有什麼特別意思。自從在十七世紀的愛爾蘭，最後一位 Rune Master 消失之後，古代的 Rune 占卜就斷絕了。

現在傳授的 Rune 文字的解釋是後世創造的。然後，它的使用方法是選出三顆石頭或是五顆，沒有同時選用四顆的用法。至少，我是沒聽說過這種用法。」

「那，普通的使用方法是什麼呢？」火村冷靜地詢問。

「從袋子裏任意選出三顆，或是五顆的 Rune，照規定排列。每一顆石頭也都有各自的意思，然後就開始解讀。或者是可以一邊詢問：『現在是我開始新工作的契機嗎？』之類的問題，一邊以祈禱的方式，選出一顆石頭。」

「所以說，四顆這種是不完整的做法囉？會不會是原本預定要選三顆的，卻多拿了一顆，或者是原本要選五顆，卻少拿了呢？」

對於警部的說法，傅洛思先生不置可否地笑：

「荒謬。都要死了還占什麼卜？」

被嘲笑的警部，臉部表情尷尬。在一旁的火村趕緊笑著打圓場說：

「Herr 傅洛思說得沒錯（譯註：Herr 是德文中放在姓氏或是官職名前，尊稱男性的用法）。但是，瀕死的 Mr.李 是不可能毫無目的地將手伸入皮革袋中。這四顆石頭一定是暗示著什麼事。是不是這樣呢？」

火村重複向夫人詢問，不過得到的答案還是否定的。

「我想不出會有什麼意思。這是因爲，」傅洛思夫人用纖細的手指著其中一顆石頭：「這個，稱作『OTHILA』，意思是說如果繼續這樣下去，將會導致物事分歧和每下愈況的情形。但是，這個字型的方向如果上下顛倒，意思又會不一樣了，會變成靜觀其變爲上策。不過這只是我的解讀。」

聽到那個說法的火村，有兩點失望。其中一點是，Rune 文字好像會因爲上下擺放的關係而有意義上的變化，但是，從被害人握住的狀態來說，是無法判別上或下的。另一點是，不知是否是因爲 Rune 是已失傳文字的關係，所以石頭的預告好像可以恣意解讀。這實在是無法翻譯成日常世界的訊息。

或許警部也有同感，他換了個方向問問題：「李先生在九點左右跟大家說了聲：『我累了所以先告退。』之後，就往二樓的房間走去。在那之後，就沒人見過他了嗎？」

「我在十二點左右曾敲過他的門叫他。不過因爲沒有回應，我以爲他已入睡，就沒再注意了。所以，當今早我去叫他時，發現他已死亡的同時，既是驚訝又是後悔。早知道昨晚就不該放他一人不管。」

傅洛思先生臉色沈重地低下頭來。

4

「所有的人都有中途離席過。有人會去洗手間，也有人到院子裏去呼吸新鮮空氣。因爲辻先生抽菸抽得很兇。」

安娜・雷內女士說完這句話之後往旁邊的翻譯家看了一眼。為了避免用錯日文而導致警察誤解的困擾，她要求和法文超強的辻佐治一起接受訪查。推測年齡約四十五歲左右的她好像還是單身，體型如同羅馬神話裏的大地母神——蓋亞——般豐滿。她在日本已進入第五年了。是日本美術的研究家，聽說一邊在 SARU 貿易公司上班，一邊巡訪日本的古寺。

另一邊的辻屬於瘦長型，臉頰瘦削。年齡和火村一樣，剛滿三十歲。有翻譯幾本英美的推理小說、恐怖小說，不過，主要的工作是翻譯雜誌登載的專欄、訪談之類的零碎小品。

警部在這兒也繼續囑咐著：「沒有例外，每個人都是這樣的嗎？」

「嗯，」辻點點頭：「每個人可以說都有五分鐘左右的獨處時間。」

警部預想犯罪的時間只需要三分鐘就足夠了。他的看法是，不需要確認被害人是否氣絕身亡，從兇手匆匆忙忙地離開現場來看，兇手還真像過路的煞神般迅速敏捷。

「有沒有什麼人的離席方式很不自然呢？或是說，有沒有什麼人歸位的時候神情有變？」

二人的頭像是有用繩子連結般左右搖動地否認，之後就說：「沒有那種人嘛！」、「應該沒有吧！」地互相確認。

「接下來，我要詢問成為兇器的那把小刀的相關事項。那把小刀是傅洛思先生所有，這一點，大家都知道嗎？」

「知道。那是一把戶外專用的精美小刀。因爲也可以當作工藝品鑑賞用，所以就裝飾在這間書房的牆壁上。常常來這裏打攪的我們都知道這個東西。本來是放在那裏的，對吧，雷內女士？」

他指了指裝棚架的上方，雷內女士：「嗯。」地輕聲附和。火村心想，不知道她爲何高興，一臉笑容。不過，她好像天生就是這種表情。

「昨天有人進入書房嗎？」

因爲警部的提問進入空檔，所以火村插入一個問題。雷內女士用手表達，「請說。」將這個問題的回答權交給了辻。

「雖然時間很短，不過在 party 開始之前，我曾在這間書房和傅洛思先生與李先生講過話。不過當時並無異狀。因爲如果小刀不見，傅洛思先生應該會察覺有異而說些什麼。」

這時提問者的棒子又交回了柳井警部手上：「在所有人之中，眞的沒有人和李先生從以前就認識的嗎？」

這是搜查的常識，對警部來說，他無論如何都要揪出被害人與兇手之間的連接點。

「沒看到那樣的人。當然，我和他也是初次見面。雖然我是個翻譯家，不過，我，沒有住在外國的朋友。」

「我和他也是初次見面。而且 Mr. 李也和大家打招呼說：『初次見面』。」

不論是問誰，所得到的回答都一樣。如果說這個是事實，李賽門爲何被殺害實在是莫名其妙。

「party 裏有誰和他爆發了什麼口角嗎？」

女士立刻回答了：「沒有。」

「氣氛始終很和諧。所以，發生這種事實在很不可思議。」辻說。

「太不可思議了。因爲所有的人都是第一次見面。」最後被傳的渥夫，攤開手掌面向警部聳肩說。

「這我們已經聽到不想再聽了，喬治。」

火村在臉的前面揮了揮手：「但是，他還是被殺了。所以是舊識的傳洛思夫婦對他懷有殺意？還是有什麼人在其他地方和李賽門有關連囉。反正，那應該不是你吧？」

「嗯，不是我。所以你願意相信我囉？」

「當然。你對於說謊和打鋼珠這兩件事是多麼地笨拙，我可是知道得一清二楚。」

「謝謝。眞是超越國境的友情啊！」

對於火村和渥夫的那種對話，柳井警部假裝一臉正經地聽著：「關於那個隱藏起來的連結點，他的部下和其他的相關者都已經釐清了，所以等一下再說吧！」他慢慢導入話題：「不過因爲誰都有犯罪的機會，所以還是集中於不在場證明的好。」

火村說：「你說得沒錯。——在 Mr. 李退席之後，歡樂的交談是以怎樣的感覺繼續的呀？」

「除了說日本人的壞話之外，所有的話題都很愉快。」

「No joke!（別說笑了）。有沒有什麼人是你可以證明唯一沒有犯罪機會的呢？」

渥夫用拳頭撐著頭，稍微想了一下。過了一會兒，終於開始自言自語嘟嚷了起來：

「好難啊。……我準備去上廁所的時候，有在洗手間門前看到，已經先進去使用的辻先生的拖鞋平整地放在前面，不過我沒看到他本人。……有稍微瞥見安魯貝魯緹內夫人出去庭院的影子，不過這也不能說是她的不在場證明。……雷內女士也去了庭院呼吸新鮮空氣，可是我完全沒看到她。大約有五分鐘左右沒看到她人吧。……傅洛思先生去了洗手間二、三次。因爲他都大口大口地喝啤酒。」

「你自已也沒有不在場證明嘛！」

他一臉抱歉地苦笑：「沒有。辻先生回來後，換我去了洗手間。不止如此，當我從洗手間出來之後，並沒有立刻回去大家都在的地方，反而在走廊觀賞了一下掛在那邊的繪畫。是安魯貝魯緹內夫人畫的新作品。畫得很好喔！」

「等一下換我去欣賞一下。日本文學研究、占卜、還有繪畫呀。眞是一位多才多藝的夫人。」

「你說的占卜，是說 Rune 嗎？」

「嗯。好像和被害人有相同的興趣嘛。」

渥夫一邊將雙手如女人般十指緊握，一邊點頭說：「吃完飯之後，她和李先生兩人還實地演出給我們看。那時出現的預告是：『爲了突破人生彎彎曲曲的困難歧路，要有冷靜、堅強的意志，並不要忘記幽默之心……』當時還被傅洛思先生冷嘲熱諷了一番。不過我覺得與其說是石頭預告著命運，還不如說是自我反省的工具。因爲石頭的意思每一顆都閃耀著曖昧的顏色，所以，可以找出最後解答的，應該是自己內心的準備與智慧吧！」

「你突然說出什麼自我反省啊、閃耀著曖昧的顏色，這種難懂的辭彙，這對日文詞彙貧乏的我來說可眞是不知所措。所以當時那石頭的預告裏也沒出現什麼波瀾囉？」

「不可能耶，那種事。她和他都只是占卜一些平凡小事。夫人詢問石頭的是：『我對現在任職的大學待遇不滿，是否是換工作的時機呢？』李先生則是：『我想詢問和芝加哥新戀人的將來。』這兩個的答案，都和我剛才所說的一樣，是很常識般的東西。」

「除此之外還有沒有什麼和 Rune 有關的話題呢？」

「沒有。」

渥夫很乾脆地回答後，火村作了一個將紙揉成一團往背後丟的動作。

5

渥夫任務結束離開之後，火村伸出了雙腳嘆了一口氣。因爲實在沒有想到都是一些無所謂的回答。每個人的不在場證明都太曖昧不清了，也察覺不出有誰是睜眼說瞎話。不過，如果換個角度繼續向他們提問，說不定會發生說溜嘴的情況，而找出證詞不一致的地方，然後就可突破心防破案也說不定。不過——

「我看還是只有去查出被害人與五個人的連接點還比較快一點。」火村順口說出了他的想法。

「這也對。」警部似乎還不氣餒：「可是，因爲幾乎都是外國人，還挺麻煩的。感覺上好像會花上很多時間。——關於 Rune 文字、Rune 占卜我也想再去問一問知道的人。雖然傅洛思夫人看到被害人手中握的四顆石頭，表明那些沒有任何意義，不過總覺得不應該這麼囫圇吞棗般地接受。」

火村開始用食指撫摸嘴唇：「那樣也是對的。的確，如果夫人本身是兇手的話，她是不可能說出：『這指的是我。』的，因爲是專門的知識，所以我想必須要有公正的第三者鑑定。不過我還有其他疑問。」

柳井警部正想進一步瞭解而問起：「喔，那是？」時，刑警進來，告知警察本部的課長來電。於是他站了起來，中斷了提問。

「不好意思先失陪一下。」

「請便。我可以再去看一次現場嗎？」

「沒問題！」警部接受了：「應該還有北警察署的人在那裏，有事的話請跟他說。」

火村跟在警部後面出了房間，正準備上樓時，他的視線停留在掛在一旁的繪畫。是一張很寫實地描繪著一片北山杉林覆蓋山頭的油畫。雖然看得出來是外行人畫的，不過水準說不定是有到達日本人會想要參加二科展比賽的吧〈譯註：二科展，是每年在日本的東京都美術館、上野的森美術館舉辦的美術作品比賽〉！再往走廊內側一看，其他還有幾張風景畫等間隔地掛著。

火村一邊如螃蟹般橫著走路，一邊照著順序觀賞了起來。嵯峨野的竹林、大文字山、東寺五重塔的遠景。由於構圖實在太像，可以想像應該是看著風景明信片而畫的吧。而且好像還是照著畫的時間順序排列，因爲可以明顯感覺到技術有進步的趨向。

突然，正後方有門打開，擦過他的背。

「啊，對不起。」是雷內女士。她一邊露出親切的笑容，一邊將身後的門關上：「是在看安魯貝魯緹內的畫嗎？」

「嗯。我還正想著，愈往那個方向去的如果是新作品，那進步得還眞是神速！」

她像是在被誇獎自己家的事情般很高興地微笑：「對呀，進步很多。那可不是 Rune 的幫助，而是我指導的喔！」

「妳會幫傅洛思夫人出繪畫的建議？」

「是啊，我只是給她一點小小的建議，她就畫得很棒了。她那個人總是喜歡別人給她意見。雖然說，作最後的決斷，或是遇到困難的都是自己，不過她是個即使是一點點也好，也想要被人說一聲：『加油！』聲援的人。所以才戒不掉 Rune 文字的石頭咒語。」

「也許是這樣也說不定呢！」

「夫人是一位擁有赤子之心的女性。爲人很體貼。卻捲入這樣恐怖的案件，眞的很可憐。」

看著她搖晃著大屁股離開之後，火村爲了確認那位日本美術研究家是從哪蹦出來的而開了門。裏面是間貼著瓷磚的洗手間。和旅館的一樣，裏面放有一雙廁所專用的拖鞋。雖然好像有很多外國人對於洗手間的拖鞋有意見——也許是因爲馬桶是共用，所以感覺上那種拖鞋很不乾淨吧？——不過傳洛思夫婦在這裏好像也是採用日本風格。

「嗯。」火村又摸起嘴唇，一個急轉彎，往二樓的現場走去。「原來是洗手間。洗手間呢！」好像是發現了什麼解開案件的頭緒。感覺上思緒可以開始前進，火村的雙眼終於閃爍了光芒。

李賽門陳屍的房間裏，就像警部說的，有位年輕的便衣警察無所事事地站在那裏。火村向他打了聲招呼，就往死者面向的那張書桌走去，他的目的不是 Rune 的石頭，而是拿起《凌晨亡靈》一書。他感覺到一旁的刑警往這邊射過來一股好奇的視線，翻開了書本的內頁。

「……那本書有什麼奇怪的地方嗎？」或許刑警非常在意的關係，他用洩了氣般的聲音問道。

「不是，我沒有認爲有什麼奇怪的地方。只是想看一下普通的書而已。」

火村故意說著沒有意義的話，一邊遞了根菸給對方，對方則自言自語地：「普通的書！」

其實，火村在書的內頁看到了想看到的答案了。

因爲火村沒多久就走出了房間，刑警忍不住好奇地問：

「咦？現場已經看完了嗎？火村教授！警部說您可以到處隨意看看。」

「謝謝你的用心。不過，這裏不是已經被你們搜查得如盤子被舔過一般乾乾淨淨的嗎？」

他說完那句話之後就下樓了。往客廳那邊一瞧，被當作是嫌疑犯的五人都有一點筋疲力盡的樣子躺在沙發上。

「喬治！」火村勾了勾食指，叫渥夫過來。

「幹嘛？」英國人一臉疑惑地瞇上眼睛，從位子上站起來走向火村那邊：「怎麼啦，HIMU？」

副教授抓住他的雙手，將同僚往走廊拉出來。然後壓低聲音問：「你的證詞裏有些疑點。所以想請你跟我說明一下！」

渥夫快速地眨了眨眼睛五、六次：

「啥，你說的是哪件事？」

6

火村將喝完的杯子遞給我，提示他想要第二杯咖啡。那是沒有關係的，只是話才講到一半，哪有這種事呢！

「咖啡我等一下就會泡了。趕快先告訴我結果啦！」

「事情到這兒已經結束啦！我將發現到的事情跟柳井警部說，他可是節省了好大筆時間，迅速地將兇手檢舉出來。然後，這就是傅洛思夫人爲了紀念那件事，而將這個 Rune 的石頭當作紀念給我的故事呀！說完了。」

我一把抓起了石頭，放在手掌中搓搓看。滑溜溜的感覺很舒服：「我還是不知道啦。Rune 指引出的兇手到底是誰啊？」

火村緩緩地將那杯停留在半空中靜止不動、空無一物的杯子放下來之後，賊賊地笑了起來：

「我們等一下再來說李賽門到底用那神秘的石頭傳達了什麼。我之所以抓到兇手的把柄可是從非常生活化的常識中得來的。這可說是，多到會煩的家常便飯喔，有栖川老師。」

我催促他別賣關子。

「那我說囉。如果相信喬治教授的證詞，就會發現某人的行動可疑。就是，他去洗手間一事應該只是幌子。」

「你說的他是傅洛思先生嗎？」

「不是，如果相信喬治的話，有嫌疑的是辻佐治。根本不需要任何知識，只是件單純的事喔！即使是喬治，只要他的觀察力和一般人差不多，應該立刻就會注意到了吧。——瞭解嗎？如果翻譯家眞的有在洗手間裏，就不可能可以看到喬治所見的，拖鞋是脫在門前放好，不是嗎？」

「爲什麼？」我立刻反問：「因爲是日本式的住家，所以洗手間有廁所專用的拖鞋可換，不是嗎？」

「話是如此沒錯。所以才奇怪呀！從我剛才講的話裏，可以發現那間洗手間的門不是往內開，而是往走廊的方向開的，不是嗎？」

這樣一說，我想起了在走廊觀看夫人繪畫的火村，背部被洗手間的門擦過，雷內女士現身的畫面。

「我知道了。」

「知道了嘛。那樣一來，將室內拖鞋脫在洗手間正前方之後，再進去的事，不是就不可能成立了？」

我驚訝得說不出話來。本來是期待著神秘的Rune的石頭傳達了些什麼，哪有想到居然是洗手間的廁所專用拖鞋。

「所以啦！如果眞的有進去洗手間，他脫的室內拖鞋應該是在門旁邊。我想向喬治確認的正是這件事。我問他：『就和你先前說的證詞一樣，辻的室內拖鞋是放在門的正前方嗎？還是不然？』他則表明：『眞的就是我說的，在正前方。』這樣一來就奇怪了。所以那個時候，辻就應該是在洗手間以外的地方了。」

我瞭解了。雖然所根據的只是件微不足道的事，不過那樣的理由是成立的。不過，只是因爲這樣一件事就對警部說辻有嫌疑應該不太好吧？就算他僞裝去洗手間一事是眞的，也無法當作是殺了人的證據呀！

「沒錯。不過，揪出了有一個人是說謊的事實。我向警部建言：『要先釐清李和辻連接點。』的根據，除了他說謊之外還有一個。那就是 Rune 的指引。」

我看了排列在榻榻米上的四顆石頭。「這四顆有什麼意思嗎？不是 Rune Master 的你這傢伙難道是靈光一閃？」

我有時會叫火村「你」，有時會叫「你這傢伙」，不過，現在不知是否是因爲被放在劣等地位的反動情緒，我腦海中只有，「你這傢伙」這個詞。也許是因爲我覺得丟臉，但本性卻又不服輸的緣故吧。

「Rune 並未給我任何指引。我只是發現了被害人想要傳達的訊息。當然，那就是兇手的眞面目啊！」

我什麼想法都沒有：「喔，那請您說說看到底是怎麼一回事。」

「那我就不客氣地說了。首先，我想請你瞭解，要解讀那四顆石頭的意思並不需要找 Rune Master 來。爲什麼呢？那是因爲，我怎麼想都覺得李賽門他本身是隨意選出這四顆石頭的。」

「喔？不是特意的？」

「聽好喔，有廿五顆小石頭裝在小袋子裏面，如果有意從裏面選出特定意義的四顆，你覺得必須怎麼作？沒錯。首先，必須全倒在桌子上，然後再從裏面一個一個地選出想要的。又不是打麻將時的摸牌，是不可能靠指尖的神經在袋中摸索的。可是現場的狀況是怎樣的呢？被害人握著四顆石頭，其他的全都——好好地收在袋子裏。」

我稍微思考了一下，剛才火村的說明裏有無遺漏之處：「嗯，然後呢？」

「所以我想，李將手伸入袋子裏，應該只是想要拿出石頭四顆而已。也就是說，四顆石頭，應該只有這個線索是有什麼意義的。」

火村到底想說什麼，我還是猜不到：

「我還是不知道四顆石頭和辻佐治到底有什麼關連。那個，是什麼唸法嗎？」

「和名字沒有直接關係。可是，被害人想要表示的又不一定是辻佐治的名字。有可能是表示出辻這號人物的屬性呀。只有辻才有的屬性就是——你應該知道了吧？」

「日本人的……翻譯家……」深怕受傷而小心翼翼的我，一邊窺探火村的臉色說道。

「翻譯家可以去掉。日本人、指名出是日本的訊息是正確的。我察覺到，四顆石頭指的正是日本。正確的說法不是四顆石頭，而是四這個數字。——連我都勉強有印象喔，都說這麼多了，你這位大作家還沒有想到什麼嗎？」

「沒有啊！」我將嘴開得大大的：「四指的是日本，我是初次聽到耶。美國有這種暗號嗎？」

「不對，那是全世界共通的。——那邊有有栖川老師的著作，拿過來給我一下。」

被他這樣一說，我往身後的書架看去。很感謝他將朋友的書收藏著，不過，他卻是將它上下顛倒地放在書架。

「內頁裏寫有號碼。是叫作 ISBN 碼——國際標準圖書碼——你是不是從來都沒注意過啊。在市場上流通的書籍都是用這個號碼在管理，所有的書都有固定的號碼。當然，如果發行者都各作各的，自行設定號碼的話，是不能作爲標準的，所以有規則。那，如果知道規則再來看那些號碼的話，那本書的出版國家、出版社、內容——是人文科學還是文學等等——都可以知道。你應該有啓發了吧？表示是日本的 ISBN 碼是４。」

這我還眞的是第一次聽到。

「那種特殊的知識，李賽門先生會……」天啊：「他知道。」

「沒錯。他是出版界人士。而且還是處理日本書的海外版業務，一直到案件發生前一天，他都還在東京的書展商談，所以４等於日本這個程式早已放在腦袋了吧。死前那個程式一定也有一閃而過。——當然，這種事已經是不可能去向死者問個明白了。怎麼說都只是我的推測而已。」

根據這個推測，火村向當局建議：「要先釐清李和辻的連接點。」而搜查的結果也正中紅心。他殺害李的動機是復仇。

三年前，去美國留學的妹妹，和花花公子的李相戀、被拋棄、然後在異地自殺。當時的李只是冷冷地說些逃避責任的話。——這是命運的惡作劇。辻在日本和李第一次面對面。在晚宴裏津津樂道地講著和現在的戀人的故事——不是有請夫人占卜他的戀愛嗎——這些話聽在辻耳裏，應該是氣到恨不得教訓他一下吧。自白裏是說，他會將書房裏的小刀拿走，是爲了保護體格屬於劣勢的自己。但是即使說到三年前的事，李卻只是像遇到麻煩事般嗤之以鼻，雖然李是背向著他，但是怒火中燒的自己，卻情不自禁地將刀往下插——

「這就是事情的眞相啦。喂，咖啡，再來一杯。」

對著又將杯子遞給我的火村，我發出了疑惑：「我有問題。李和客人沒有交換名片嗎？」

「沒有。我不是有說過，李的名片夾裏全都是商談對象的名片嗎！」

「啊！對對對。好啦，即使是那樣，華裔美國人的李應該看得懂漢字吧？Party 的時候不是有聊到『日本和中國漢字的不同』的話題嗎？」

「嗯。」

火村不打算將杯子放下。「這樣的話，就算沒交換名片，他應該還是讀得出『辻』這個字吧。雖然這是日本人自創的國字，中國沒有這個字，不過他應該是這方面的行家。而且，不記得是前天還是大前天，他不是好像有去一家叫作『辻馬車』的酒家嗎？」

我一邊先接下副教授的杯子，一邊繼續說。我計畫要敏銳地進攻：「那個李手中所握的四顆石頭，眞的是委婉地遺留：『兇手是日本人。』這項訊息的嗎？他應該有更直接的方法吧。桌上不是放有一本辻佐治翻譯的書，直接抓著那一本書遺留訊息的話，不是更容易瞭解嗎？」

火村像是早已預想到我的問題般，一臉得意洋洋地回答：「就算唸得出『辻』，也很難想像他唸得出『佐治（SUKEHARU）』兩個字。因爲這是一個連日本人不唸『SUKEHARU』都不稀奇的名字

〈譯註：因爲日文裏，「佐治」通常會唸成「SAJI」〉。被害人李先生應該對於那是否是兇手的名字沒有信心吧。而且，還不只是不會唸吧。我認爲他對於『佐治』應該是有別的唸法。就是因爲這樣，所以他才沒有伸手去拿辻的書。」

「別的唸法，你是說用音讀，唸成『SAJI』嗎？」

他拿起 Rune 的四顆石頭把玩，露出嘲諷的笑容：「就是說，不論是失傳的 Rune、還是不會唸的漢字，對於不能解讀的文字就是不能解讀啊！」

「你可別將學術無成的作家當白癡！」我生氣了：「那你倒是說說看華裔美國人李先生是怎麼唸『佐治』的呀！」

火村副教授拿起手邊的紙，寫著東西，「中國沒有像日本的片假名一樣，對於外來語可以直接以發音表示的便利用法。所以他們應該會這樣表示的吧？——『好萊塢』就是 Holly Wood。『羅馬』就是 Roma。『耶穌』就是 Jesu，就是基督。『依莉莎白』就是 Elizabeth，『夢露』就是 Monroe。所以『佐治』就是……」

火村緩緩地揚起一邊的眉毛說：

「George！」

俄羅斯紅茶之謎

1

接近年終的十二月廿七日。

接到兵庫縣警搜查一課樺田警部的電話時，火村和我正在吃早午餐。

「火村教授在嗎？」

「在，請等一下。」

我忍住想開口問「又有事件發生了嗎？」的心情，對火村說：「是樺田警部。」之後，便將話筒交給了正要對著第二片土司塗上花生奶油醬的友人。身為京都英都大學社會學部副教授、鋒芒畢露的犯罪社會學者——火村英生，他左手繼續拿著土司，用空著的右手接起電話。至於我，則很好奇地在一旁豎起了耳朵準備偷聽。

火村按了擴音按鈕。這樣一來，樺田警部低沈有男人味的聲音我也可以聽到了。

「我打過電話去您在北白川的家，結果那邊說您去有栖川先生的家玩，所以我就打過來了。」

「去玩……老婆婆她，眞的是那樣說的嗎？」

火村壓抑著苦笑。我才不是來玩的，而是爲了要回顧這即將過完的一年，總結今年的犯罪才來的，不過火村的房東婆婆好像不那麼想。也許是因爲她有目擊到火村放了瓶威士忌在包包裏出門。

「因爲發生了教授您應該會感興趣的事件，所以才想，如果方便，想請您過來一趟。」

火村又往我這邊看，上下挑著眉毛。火村會有興趣的事件，大致上也會是我有興趣的事件。

「今早的報紙，您過目了吧？」

這麼一說，才發現今天還沒攤開早報來看呢。我急忙拿起還新鮮地放在空椅上的報紙，啪拉啪拉地慌張翻開了社會版。突然，斗大的標題映入眼簾。

新進作詞家，奧村丈二先生於自家身亡
竟有疑似毒殺的嫌疑

被害人的住處在神戶市中央區。因爲沒有其餘像是屬於兵庫縣警搜查一課的警部管轄的事件，所以我用手指指著那條新聞，將報紙攤開給火村看。他探出頭來，視線在紙面游走。

「有一篇叫奧村丈二的作詞家死亡的新聞，你說的是這個嗎？」

警部以低沈的聲音回答火村的問題：「是的，沒錯」。「在朋友聚集的忘年 party 中猝死。死因是毒藥中毒，從他喝的紅茶裏檢驗出氰酸鉀。」

「但是報導寫著，有疑似他殺的嫌疑？」火村一邊對著話筒講話，一邊將那篇報導瀏覽完。

「那個有嫌疑等等的，只是請撰稿者寫得稍微委婉些再發布。實際上推斷應是他殺。只是——」

「只是？」

「我們無法判定被害人飲料中的毒藥是誰放的、何時放的、如何將毒藥放進去的。有栖川先生的小說裏不也常有嗎，根本就是離奇事件喲！至於是如何離奇，等你們到了現場，我們再作詳細的說明。」警部使出了殺手鐧吊我們胃口。

「還是可以請我的助手一起同行嗎？」

他說的助手就是我。到目前爲止也有多次的參與經驗，所以警部很爽快地答應了。

「那我現在說現場的住址。好了嗎？神戶市中央區……北野二丁目……」

當我在一旁寫下警部說的住址時，火村單手拿著話筒，一邊連忙將土司塞入口中。

我們大約花了三分鐘將早午餐解決掉之後，就立刻離開了夕陽丘的公寓前往神戶。我的愛車是一部年代久遠的青鳥汽車。那是在江戶川亂步賞得獎晚宴時——不用多說，得獎者當然不是我——宴席上某位氣味相投的男士問我：「你，要不要一部車？」之後給我的。當我還得意洋洋地想，這下可是賺到了的時候，不知這部車是不是對新主人不滿意，它居然很帥氣地在可眺望富士山的御殿場野餐區前面，完全不聽我的使喚，當時可眞是難爲我了。

「那個叫奧村丈二的，好像有聽過他的名字呢。你知道他都寫些什麼歌嗎？」從天王寺上阪神高速公路時，火村問。

我默默打開了車上音響的開關。音色痛快清楚的吉他，配上聲音清亮女歌手的歌曲，在車內宣洩出來。

如火焰般的思念　折磨著我
嫉妒　就像是　愛的野獸
擁有危險尖爪的野獸

「你這傢伙，年紀老大不小了，還在車裏放這種歌？」

火村在一旁冷嘲熱諷。

「不都可以聽著King Crimson的歌，邊哼邊兜風的嗎？（譯註：King Crimson，是六〇、七〇年代前衛搖滾之王）」

我挺難為情地說：「不說那個了啦，快，你聽。是被害人的作品喔！」

「眞是Fuck it！」火村下了一個很酷的評語：「他，幾歲？」

「卅五歲，只比我們大一歲。」

「這個叫奧村丈二的很紅嗎？」

火村轉著音響的音量。

「雖然連續寫了五、六首暢銷歌曲，不過就像報紙上寫的，他還算是新進的作詞家喔！」

「哦！關西也有作詞家這種屬性的人喔！」

「你不要小題大作了好不好。」我決定跟他說我所知道的消息：「我在牙醫診所那邊看的週刊雜誌裏提到，奧村好像是在神戶、山之手長大的大少爺。父親是大地主，在阪神之間也擁有好幾棟高級出租華廈。東京的大學畢業後，在那邊做著類似廣告文案、專欄作家的工作時，被人邀請，『要不要作個詞呀？』的，本來只是想隨便寫寫，結果就這樣啦。一般說來，他應該會因此成為所謂的東京文化人的，不過據說，他受不了東京都是鄉下來的人，所以就回到神戶了。根據他的說法，是『不是關西，是神戶。』喔。好像是因爲他認爲京都的人都很可惡，而大阪則全都是土地最差勁的地方。（譯註：關西，指的是京都、大阪、神户三地的總稱）」

「眞是有夠囉唆的公子哥兒。」在札幌出生，從小就全國各地到處搬家的火村聳聳肩說。他可是一位對於自誇自擂或是貶低國家沒興趣的人。

於是我將車上的音響關掉，準備換放入錄音帶。帶子裏有火村喜歡聽的七〇年代英式搖滾和巴哈。就在這時，他開始輕輕吹起了口哨。

——「嫉妒是愛的野獸」

他吹的不正是剛才聽的副歌旋律嗎！

2

北野町是神戶最洋派的街道。有總是吸引年輕女性的異人館——風見雞館、魚鱗館、LINE館、白色異人館……等等，不知爲何仍持續增加中——，還有四散的各國領事館、茶坊和餐廳、精品店，競爭著高格調風格。因爲是位於往六甲山上去的斜坡路段，所以愈往上坡走，回頭向下眺望時，是一段可以看見開闊的神戶市街與港口的街道。如果往下走的話，立刻就可進入三宮的熱鬧街道。現在一想，如果稍微更往山裏走去，還可以在古代詩歌才會出現的絹絲瀑布邊散步。住在這種街道上，隨意散步一定是件愜意至極的事。

奥村丈二的宅邸，與星期天觀光客漫步的行程路線稍微有些距離，是個格外幽靜的地方。附近都是有低低的煉瓦牆或是矮樹叢環繞的別墅，有的門口還掛著令人印象不深的旗子飄揚。往南，也就是面向海的房子，每一棟都有石頭階梯往玄關去。

這是個幽靜的地方，是我想像平常的樣子而寫的，不過今天的樣子有點不同。因爲可以看見穿制服的警官、媒體關係者、和類似看熱鬧的人，四散在宅邸周圍的馬路上。

我們一邊減速，慢慢地駛過現場前面之後，在幾個街道遠處找到停車場、停好車，再往剛才來的路上走回去。

「天氣眞冷！」

火村將雙手插進黑色皮大衣的口袋，輕微顫抖。從山上吹下來的風很冷。這幾天寒流籠罩整個西日本，氣溫比歷年還要低個六、七度，如果天氣稍微轉壞，一定會下起雪。

當我們就快到達奧村宅邸前面時，看到對面街角有輛電視實況轉播車轉了進來。它的動向吸引了周遭圍觀人士們的注意。趁著這個機會，火村趕緊加快腳步，小跑步地登上了石階。

「你們來得眞快。」

雖然樺田警部好像並未專程等我們到來，不過卻在玄關前面遇到了。瘦削的臉頰、尖尖的鼻子、細長的眼睛、和薄薄的眉毛。長得就是一副敏捷幹練刑警的臉。加上他那一百八十公分以上的身高，在審問調查的時候也可以給予嫌疑犯十足的壓迫感。我們到目前爲止，有參與過幾次他負責的搜查活動。不過，對於搜查有貢獻的都由火村給獨攬了，而我只是一個連他的助手都說不上的跑堂——或者說，只會給他添麻煩的吧！

「讓我們去接待室將經過大致說一下吧！很奇怪的。這起事件對火村教授來說，說不定還比較像是有栖川先生會處理的問題。」警部看著我一臉認眞地說。

「喔！大家都很期待你呢！大作家。」火村往我的背部擊了一拳。這時我腦袋所想的是，好一個傢伙，這次我可要讓你沒有出場的餘地。

這時，在庭院一角、山茶花花叢裏搜尋著什麼東西的中年刑警，突然抬起頭往這邊看過來。是那位有著職業自負、而且對火村和我都不懷好意的刑事組長野上。我們稍微向他點頭示意，而他則是不發一語地回打了招呼之後，一副很不服氣地將頭扭向一邊，繼續他的搜查。

無論如何，我們先被帶去玄關旁邊的接待室。隔著高度如貓腳般的矮桌，我們和警部對坐著。雖說是要準備開始講述事件的經過，不過因爲都沈沈地陷坐在矮沙發裏，所以，三人的姿勢都感覺有點怠惰起來。

「我大致說一下經過。」警部摩擦著那雙大手開口說話了：「死者是這間屋子的主人，作詞家奧村丈二，卅五歲。死亡時刻是昨晚九點半左右，死因是吞下氰酸鉀而中毒死亡。」

警部接著看起了他的 記事本，所以我也從夾克內側的口袋裏掏出小手冊，準備好鋼筆。火村的視線則是看著桌上那個大型水晶菸灰缸，將雙手環抱在胸前聽著。

「昨晚這間屋子來了五位客人。姓名和基本資料如下。首先是丈二的妹妹奧村眞澄，廿九歲。之後是他的朋友們，每一個人的工作都是走在時尚的洋派職業。金木雄也，插畫家，卅八歲；櫻井益男，電腦程式設計師，卅五歲；內藤祥子，室內設計師，廿四歲；圓城早苗，模特兒，廿三歲。他們之所以聚集在這裏，好像是爲了參加忘年會而來的。雖說是忘年會，但可不是像我們一樣，拿著筷子戳著便宜的壽喜燒鍋，據說是個有模有樣的 party 呢。」

「那五人都還留在這裏嗎？」火村叼著駱駝牌香菸詢問。

「是的。五人都在，昨晚本來就預定要住在這裏的，加上今年的工作都已告一段落，所以不介意留在這裏。不過也該是時候讓他們回去了。」

警部繼續看著他的記事本：「妹妹眞澄是在昨天下午兩點左右來的。是爲了要和哥哥一起整理房間、準備食物和飲料。至於朋友們則是在傍晚五點左右開始陸續到來，最後到的內藤祥子是在七點左右來的。等她到了之後，就開始了這個不知該說是忘年會，還是 party 的活動。大家邊吃東西邊喝酒歡談到將近九點。大家都異口同聲說昨晚的氣氛一直很融洽。」

火村不發一語，拿起桌上的打火機點火。

「從九點開始唱起卡拉ＯＫ。等一下會帶你們到事發現場的客廳實際參觀，那裏有組很豪華的雷射卡拉ＯＫ組。當大家都唱了一輪之後，飲料就出來了。因爲櫻井益男說不想喝酒精類，想喝溫暖的飲料，所以眞澄就泡了俄羅斯紅茶。」

「俄羅斯紅茶，是那種有放果醬的紅茶對不對？」我插了嘴。

「那很好喝。」火村叼著香菸不經意地說。

「是的。據說也是奧村丈二喜歡喝的。而有問題的氰酸鉀，就是混入在那杯俄羅斯紅茶裏。」

警部一邊闔上記事本，一邊和我們互看一眼。像是提醒我們要注意聽囉。

「喝了紅茶之後，奧村先生揪著他的喉嚨顯出很痛苦的樣子。五人都驚訝呆滯地看著他倒在地上，臉色轉爲蒼白。當注意到是否是因爲喝了什麼不該喝的東西，而要幫他催吐的時候已經來不及了。奧村先生最後終於停止了翻滾，一動也不動。雖然大家警覺到事態的嚴重性，打給一一九，但是，據說當救護車抵達的時候，他的身體已經變冰冷了。」

「是救護車的人員通報警察的囉？」

「是的。因爲死者明顯是因氰酸系毒藥導致中毒而死，所以立刻聯絡了轄區內的葺合署。同時聯絡了縣警，當我們到達這裏時是十點十五分左右的事了。」

樺田警部的口氣逐漸急促了起來：

「根據關係者的證詞，現場的保存可說非常完美。檢視之後，屍體立刻送去神戶大學醫學部，並且也檢驗了被害人喝剩下的俄羅斯紅茶以及其餘的飲料。只就結果報告的話，毒藥就是剛才我一直說的氰酸鉀。被害人呑下了超過〇・二公克的致死量。可是只有從被害人喝剩的紅茶裏有檢驗出氰酸鉀，其餘的地方都沒有。」

「所以就是說，只有奧村丈二先生喝的紅茶裏有毒囉？」

「正是如此。」

火村驀然坐起身子，一隻手拱在膝蓋上托著頭說：「所以警察的想法是，這不是服毒自殺而是他殺。是某人在奧村丈二的紅茶裏加入氰酸鉀殺害的，對不對？」

「妹妹眞澄澄清說自殺的理由是不成立的。因爲他的工作還算順利，健康狀態也良好。而且，他不久之後就要訂婚了。」

「所以說他的人生情勢正看漲囉。」

「婚約對象是京都名門望族的千金。至於那位千金昨晚沒來參加 party 的原因，是因爲全家都去夏威夷旅行。聽說要在那邊過新年。」

火村撇嘴瞥了我一眼。苦笑地暗示，管他什麼名門千金不千金的，他不是說京都人都很可惡？

「不只是沒有自殺的動機，在朋友聚集的 party 正熱鬧的時候，一口氣服毒自殺也實在是太不自然了，而且，在場的每個人都異口同聲證明，他在喝下摻有毒藥的紅茶前，樣子並無異狀。還有，截至目前爲止，就我們在宅內調查的範圍之下，沒有發現留有任何像是遺書的東西。」

「因意外而導致氰酸鉀混入杯裏是不可能的？」

「當然。那是不可能的！」

眞是廢話。

「那就是殺人事件啦。這樣一來事情就簡單多了不是嗎？也沒必要在寒空下到處盤問調查啦，因爲已經可以確定，兇手就在昨晚在場的五人之中。」

「也是可以那樣說。」警部承認：「而且，奧村先生和其餘四位客人之間，也存在有某種的爭執。」

「咦，不是聚集親朋好友的 party 嗎？」

「根據妹妹眞澄的證詞，奧村先生的婚約對象，本來好像是櫻井益男的前女友。而且，內藤祥子和圓城早苗，都是被奧村先生拋棄的前交往對象。」

「那他可眞是一位罪孽深重的花花公子啊！」火村雙手合十地說。

「和金木雄好像也有心結。據說原本和他熱戀的年輕女作家，因爲奧村先生在一旁說風涼話，而導致他失戀之類的。雖然金木生氣到發狂，但是因爲沒有證據證明是奧村先生害的，所以，據說當時他是處於無法揮拳洩憤的狀態呢！」

「如果是我，還眞不想找這些人開忘年會。」這是我直接的感想。

「可能是因爲沒有誰是正面和奧村先生起衝突的關係吧。而且，因爲奧村先生是位異於常人的樂天派，所以他自己可能沒有想過會遭人怨恨吧。不過實際上，死者的妹妹曾經覺得怪怪的，還說過：『邀請他們來 party 不會尷尬嗎？』暗示他更換人選。」

「所以那四位有下毒機會的客人，基本上，都可以看作是有相當的犯罪動機囉。這樣一來問題不是更好解決了嗎？」火村再度樂觀地發言。

「可是其實……」警部吱咯吱咯地搔著他瘦削的臉頰。

3

在警部引導前往現場的途中，刑事組長野上來跟我們會合了。

「辛苦了。」他說著完全聽不出來是眞心的話，我們則乾脆地回個招呼。

「讓我見識見識您的本領吧！」

對他的這番話，火村則以「我們是以跟您學習的心情來的。」應對。因爲每次都是這樣，所以別說樺田警部會加入這番對話了，也許是我多心，我看到了他的嘴角浮現著笑容呢。

昨晚作爲 party 會場的客廳，大小將近有三十疊左右。這三十疊還不包括配有一套不太適合單身男子，豪華氣派複合式料理台的廚房，和一張可以一次坐滿十個人的大型餐桌的飯廳呢！壁紙、地毯和窗簾都是用淡淡的籐紫色統一，呈現出平靜的氣氛。木材花紋高雅的書棚裏，隨意放著成套書籍，每層都有放著觀賞用植物的小盆栽。在那旁邊，不做作地裝飾著湯姆斯・麥克奈繪的神戶複製畫，感覺還挺不錯的（譯註：湯姆斯・麥克奈，在美國很活躍的現代畫家）。至於樺田警部說的那套卡拉ＯＫ，則是放在兩張黑白色調沙發的角落。

有嫌疑的五位男女坐在沙發上。警部帶著火村和我進入之後，本來小聲說話的他們，全都安靜地抬起頭看我們。

「應該可以讓我們回去了吧。實在很想回家休息。」

一位長得像是電影裏登場的怪異中國人、戴著圓形眼鏡的男子以抗議的口吻說。而另一位穿著粉紅色毛衣的瘦小女子也表同感地附議：

「對呀，該說的我們都已經說了。」她瞪大著眼睛，毫無畏懼地向上直盯警部。

「好啦好啦。金木先生、還有內藤小姐。會讓你們在中午之前離開的。所以想請你們再說一次昨晚的情形。」

「管你要說幾次都一樣。」身穿黑色洋裝，身體曲線突出的女子冷淡地說。那雙不在乎穿著迷你短裙而交錯的長腳，如不該看的東西般美麗。這位在較深的五官輪廓上化妝，展現出一副俐落印象的女子，應該就是模特兒圓城早苗沒有錯。

「圓城小姐，請別這樣說，再多忍耐一下可以嗎？」

「我是可以的喲！」一位有著中年肥徵兆的微凸腹部，卻長得娃娃臉的男子開口了。他好像是電腦程式設計師櫻井益男。雖然對他有些失敬，不過他長得是一副人稱大頑童的樣子。

「我會合作。不過在這之前，警官先生，是不是該向我們介紹一下現在進來的人是誰？因為看起來不像警方的人。」

櫻井打量著火村和我，禮貌地提出了要求。同意他要求的警部，挺起了胸膛介紹起我們是——對於刑警搜查造詣很深的犯罪學者火村副教授，和他的助手有栖川先生。

「兵庫縣警長久以來也承蒙這兩位的有益建言。至於這次的事件，早期解決是必要的，所以就請他們來了。」

「那，對於那兩位人士的質問，我們不是沒有回答的義務囉？」

櫻井浮現著諷刺的笑容說道。而且我眼角也瞄到野上做著類似的表情，不過，警部卻很冷靜泰然地回答：

「會是由我向各位提出問題。可是，如果火村教授有質問的話，麻煩各位有誠意地配合。」

這時，一位一直低頭無語的女子，撥著長髮抬起頭說：「各位，這也是我的請求。爲了查明哥哥的死因，請你們一定要配合。」

她的眼角充滿淚水。對於妹妹眞澄的訴求，其餘的四人終於表示同意了。

「那就不要浪費時間趕快開始吧！」圓城早苗用悅耳的聲音鞭策著大家，周遭卻迴盪著冷淡的聲響。她那如女黑豹般的四肢、挑染著紫色短髮，和樸素的眞澄完全相反。

「那接下來請各位往飯廳的方向移動，請坐在和 party 時一樣的位子上。」

對於警部的話，金木有異議了：

「毒藥不是加在奧村喝的紅茶裏嗎？如果要做重現現場的話，從卡拉ＯＫ開始的地方不是比較好？」

「我們就做嘛，金木先生。」

櫻井輕輕地推著他的背說，戴著眼鏡的插畫家先生就順從地照做了。內藤祥子和眞澄則靜悄悄地在後面跟著，最後站起來的是圓城早苗。而我，像失了魂似地看著她那如豹一般，柔軟又安靜的走路姿勢。

五人都就定位了。已死亡的被害人所坐的位子，由樺田警部坐著。火村和我則決定站在附近的牆邊，注視著事情的演變經過。

警部確認著當時的話題和氣氛。好像都是在訴說各自的近況報告、對於今年發生的大型新聞的感想，等等這些不著邊際的談話。然後，在七點到九點之間，也沒有發生特別的事。

「不好意思我必須問一個很掃興的問題，在 party 進行的過程中，沒有出現關於奧村先生婚約的話題嗎？」

警部故意用不經意的口氣詢問。但是，在座的空氣都在那一瞬間硬化。

「沒有出現耶。因爲那對我們來說，有過半數的人都不會覺得那個話題有趣。——那方面的事情你不是應該已經從眞澄那邊得知了嗎？」

櫻井不滿地噘著嘴說。眞澄則是很不好意思地低頭。祥子、早苗二人雖然都不說話，不過表情顯現著稍微的不愉快感。金木則是露出淺淺的笑。

「櫻井先生請別在意。眞澄小姐跟刑警說的事應該不僅僅只有你、祥子、和早苗的。一定也有說了我的事啦！」

「我並不是惡意要說各位的事情的。只是——」

金木制止了眞澄想要說的話，「沒關係，眞澄小姐。只要刑警再深入調查，每個人都會被發現痛處的。」

「反正那種話題本來就逃避不了。這就是答案。」

祥子玩弄著垂掛在胸前的小相框項鍊放話。警部則退一步說：

「我知道了。接下來，請大家轉向晚餐結束，開始卡拉ＯＫ時的樣子吧。」

五人又回到沙發，坐著和前一天一樣的位子。那邊的桌子上也重新放著啤酒和盛裝著作爲下酒零嘴的起司的器皿。火村和我則往附近的窗戶邊移動。

「卡拉ＯＫ開始的時候剛好是九點左右對不對？首先是金木先生先唱，接下來是內藤小姐，之後是眞澄小姐。」

現場好像是卡拉ＯＫ達人的聚會，每個人應該都是展現著美好歌喉的樣子。在眞澄唱的歌曲結束時，櫻井說：「好想喝點溫暖的東西。」

他被警部要求，說著和昨晚一樣的話。從這裏開始就要進入正題了，我留神傾聽。而火村則是雙手插在白色夾克的口袋裏靠在牆上，注視著重現現場。

4

「當時，奧村先生說：『來喝紅茶吧！我們家拿手的俄羅斯紅茶好嗎？』當在座的各位都說好之後，就請妹妹幫忙，說：『眞澄，幫我們泡。』對不對？」

不只是警部在詢問眞澄，連大家都點頭同意。

「接下來，接受請求的眞澄小姐就站了起來，往廚房走去。——請妳做一樣的動作。」

眞澄依照警部的指示移動了。她慢慢走到廚房，然後轉過身來問，接下來要做什麼。

「請實際製作俄羅斯紅茶。」

她答了一聲：「好的。」就開始做了。

「在眞澄小姐泡紅茶的時候，櫻井先生唱了首歌對不對？」

「嗯。我也來唱一下吧！」

娃娃臉男子不等警部回答，就用遙控器按出他要唱的歌曲，拿著麥克風站了起來。當畫面呈現的時候，出現的是奧村作詞的那首暢銷曲。他毫不怠慢地唱完整首歌，看來是豁出去了。當熱唱結束的時候，拍手聲響起。

「下一位是早苗小姐。」

他指名，並將麥克風交給早苗。她也還是選了奧村作詞的那首《愛的野獸》。

「應該不用像櫻井先生一樣要眞的唱出來吧？」也許是因爲高傲，她硬梆梆地吐出話來，不過說的卻是最理所當然的事。

「沒關係。」

得到了警部那如懂人情世故的父親般的許可之後，她在旋律播放的同時，就只是站在那邊。我看著出現在畫面上的歌詞，顏色由左到右的變化，在心裏唱了起來。

如同冰一般　我結凍了
妒忌是愛的野獸
帶著悲傷眼睛的野獸

我想著，花花公子的他是用什麼心情寫下這首歌的呀？如果是同情被自己拋棄女子的心情而寫的話，那當事者出現在眼前唱的時候，他可以很坦然地聽嗎？

而女子又是帶著什麼樣的感情，或者是說隱藏著什麼樣的心情而唱的呢？

妒忌是愛的野獸
擁有危險尖爪的野獸

圓城早苗就只是拿著麥克風站著，沒有擺姿勢，可是卻站得比時下歌手還有模有樣。直挺挺地拉直背脊的站立姿勢，一副，哼！這種事眞是無聊，擺著臉的表情和她的美貌非常相符。

「也許是在唱這首歌的時候，或者是說聽這首歌的時候，兇手升起了殺意也說不定。」

我小聲地問火村，不過他一臉正經地乾脆否定了：

「毒藥是要事前準備的，不可能那樣臨時起意犯罪的吧？」

說得沒錯。

曲子結束了。早苗左手叉腰，垂下麥克風在警部眼前晃呀晃的。嘴角浮現著可以說是妖豔的笑容：「好啦，換丈二出場。」

警部拿下麥克風。

「要站起來，好好地唱喲！」

「好啦，我擺擺姿勢就好。」

警部像是被壓迫般地乾咳著，早苗則發出奇怪的聲音得意地笑。

祥子操作著遙控器。熱鬧開場的是滾石合唱團的《**Jump in 'Jack Flash**》。這類曲子現在已經是西洋卡拉ＯＫ版中的常點歌曲了。看著不知如何是好的警部，四人像是在看笑話般微笑著，而野上則是錯愕地將雙手環抱在胸前。當我正同情著警部，這種情勢還眞是難爲了，在我旁邊的火村卻開始以口哨吹起了前奏的旋律。哇，這傢伙，如果將麥克風遞給他，他肯定會唱出來。

這時有了其餘的動作。

「空氣很差，我稍微透氣一下。」

早苗大搖大擺地走向火村和我之間，將因開著暖氣而起霧的窗戶打開一半。之後說了聲：「我去搬。」就直接走向廚房。餐廳的桌子上放有五組茶杯，眞澄正在將燒好的紅茶倒入。

「可以稍微慢動作地進行嗎？」

火村第一次開口了。早苗突然停止了動作，轉過身來回答：「好呀！教授。」之後才又走了起來。走路的姿勢完全像是在走服裝秀舞台的台步一樣。

眞澄一邊道謝一邊將杯子放在托盤上。之後將托盤交到走過來的早苗手上。好像還挺重的。早苗回轉過身，眞澄則拿著沒有放入托盤內的砂糖罐在後面走著。

「這時，其實正因丈二唱的歌而熱鬧著呢！」

祥子不講道理地像是在批評只會站著的警部說。警部隨即丟了問題出來：

「所以說，沒有任何人往運送著紅茶的圓城小姐那邊看囉？」

「是沒有注視著看，不過有看到她走過來。」

「我因爲被對著，所以沒看到。」

金木、櫻井各自說著。所以不論是誰，都沒有人完全看著早苗的一舉一動。——只有一人除外。

「警部先生，你是要說毒藥是圓城小姐放進杯裏的嗎？」那個例外的人——眞澄慌慌張張地插話了：「關於這點我應該也說過。圓城小姐從我手上接走托盤，就直接往各位所在的地方運送了，所以沒有下毒的時間。我，都有注意呀！」口氣十分堅決。

「我知道了。那，請圓城小姐分配杯子吧！」

警部催促道，早苗則照著面前的人，依序放上冒煙的杯子。

「這全部都是隨意選放的對不對？」警部問。

「當然。因爲每杯都一樣。」模特兒小姐很無聊地回答，之後便回到自己的位子上。

歌曲還在繼續中。祥子最先加入砂糖，喝起了紅茶。其餘四人——當然包括正在唱歌的奧村丈二——在歌曲結束之前都沒將手伸向杯子。

「除了內藤小姐以外，沒有人去碰杯子。這是眞的嗎？」警部向所有的人詢問。

「嗯，沒錯。已經說過很多次了，奧村唱的歌剛好正熱著場，而且曲子其實也快結束了。」金木說道。的確，旋律正在漸漸淡出。過了一會兒，曲子結束。

「奧村先生一邊說：『過了一輪，接下來又還給櫻井小弟囉，唱吧！』一邊將麥克風指向對面的你嘛！」

警部說完交出了麥克風。櫻井才拿下來，立刻就遞給坐在一旁的金木。

「我想喝紅茶，先 pass 一次。」

金木也說：「我也想喝。稍微休息一下。」便將麥克風放在桌上。

「那，在這裏內藤小姐幫奧村先生的紅茶裏加入砂糖對不對？」

警部說，而坐在隔壁的祥子連對不對都沒回答，就開始表演了。並問著代替丈二的警部：「你只要加一點點就好了嗎？」

她將放置在眞澄前面的砂糖罐拿了過來。突然手一滑，糖罐翻倒了。桌上灑滿白色粉末。

「哎呀！對不起。」

這好像也是重現的畫面之一。祥子拿起了糖罐，輕輕舀了一湯匙的砂糖，放入扮演丈二角色的警部的杯裏。這裏有沒有可能會被動過什麼手腳，我探出身子盯著瞧。

「這時，她的作爲並無可疑之處。根本沒有時間加入毒藥什麼的。」

爲了揮去搜查者的疑慮，金木說道。其餘的人也強烈表示贊同。

「之後呢？」警部面無表情地說。

「爲了清理被打翻的砂糖，我站起來去拿了抹布。」眞澄又起身了。「我去拿。」她再度走向廚房。

「被加了砂糖之後，奧村立刻就喝起那杯紅茶喲，只有一口。」

櫻井指著警部面前的杯子說。警部拿起杯子，眞的只喝了一口之後，又將杯子放回盤子上。

「就在這之後，奧村先生就變得很痛苦了對不對？」

沒錯，大家異口同聲地回答。

警部轉向我們，用眼神向我們尋求感想。火村用食指慢慢撫摸嘴唇發出一聲：「嗯。」之後，開口說話：

「事件發生時的樣子，大致上已經明瞭了。本案如果不是自殺或是意外的話，殺人犯就在各位之中。是誰可以將毒藥加入奧村先生的茶杯裏？是誰有那樣的機會？」

四人注視著倚靠在牆邊的火村。眞澄則拿著擰好的抹布，站在廚房聽著。

「泡了五杯俄羅斯紅茶的是眞澄小姐，並沒有別人幫她。所以她有下毒的機會。——請安靜！不要說話聽我講完。——但是，即使她有殺害親哥哥的動機，但因爲杯子的運送工程是麻煩圓城小姐，所以不可能有機會將加有毒藥的杯子傳遞到正確目標。」

火村偏頭看著早苗：「然後，分配杯子的圓城小姐沒有下毒的機會。拿著放有五個杯子重量的托盤，在運送的過程中，雙手應該是騰不開的。」

交叉著雙腿的模特兒小姐微笑地點頭。

「那，毒藥是在杯子放上桌子後加入的嗎？有這個機會嗎？」火村往圍著桌子的他們那邊走了過去：「內藤小姐在加砂糖的時候，沒有其餘的人將手伸向奧村先生的杯子吧？」

「絕對沒有。」金木斷言：「而且內藤小姐並沒有趁機快速地將毒藥混入砂糖裏。」

「的確沒有。」這次換櫻井說了。

「我知道了。」

對於火村說的話，我嚇了一跳。

「你已經知道了嗎？」

「嗯。」他點點頭：「我知道了樺田警部之所以煩惱的原因啊！」

5

有人噗哧地笑了出來。警部也在苦笑，只有野上和我是一臉認眞的。

「認眞一點好不好！」

我說，但是副教授卻處之泰然地說：

「我可是很認眞的。——接下來我的問題就是，在俄羅斯紅茶的構成要素裏，是什麼東西被摻了毒藥。是紅茶本身？還是果醬？抑或是砂糖呢？」

他在沙發的周圍走來走去。視線在杯盤狼藉的桌上游走：

「因爲果醬和紅茶已經成爲一體了，所以沒有個別討論的必要。有機會在加了果醬的紅茶裏下毒的是眞澄，不過如果她是兇手的話，就沒有方法可以控制下有毒藥的杯子了。而且也很難想像她會有，管他是誰先殺一人的瘋狂想法。因爲這樣一來，自己也會有五分之一的危險機會被分配到有下毒的紅茶。——等一下，有沒有什麼只有自己看得懂的記號呢？」

野上很高興地搖搖頭：「每個杯子都像新的一樣。別說是有記號了，連刮痕都沒有。」

「有沒有可能是紅茶倒入的分量之差呢？」

首先是運送托盤的早苗，接下來是其餘的人，全都證明了沒有什麼不自然的容量之差。既然那樣也沒有關係，火村微笑道。我想他應該只是想確認前提條件而已。

「除了眞澄小姐之外，有接近過杯子的是圓城和內藤小姐兩人，她們兩人都沒有什麼奇怪的第三隻手，所以下毒的可能性必須往其餘情況去想了。那麼，是砂糖嗎？各位至少都有一次將手伸向砂糖罐的機會。」

這時下面發起了一陣牢騷，表達了不滿。

「嗯，這正是很積極的交換意見方式。眞想讓我的學生也來見習一下。」

當火村得意地微笑時，我聽到了祥子向早苗說著悄悄話：

「這個人，好像有點怪怪的！」

身爲「臨床犯罪學者」，這種行爲到底是怪還是不怪，我不知道。因爲全日本只有他一個人而已。

「假設，有人在砂糖罐裏加入毒藥，」櫻井揮著立起來的食指說：「大家不是都有看到祥子小姐在幫奧村加糖之前將糖罐翻倒了嘛？那樣的話，毒藥不是也應該都灑出來了。假設她翻倒糖罐是預謀，該不會要說她很聰明地預先將毒藥混在糖罐的下方吧？」

「如果眞是因爲那樣，下毒殺害成功了，那砂糖罐裏應該殘留有微量的毒藥吧。——如何呢，野上先生？」

刑事組長趾高氣昂地否認了：「砂糖裏別說有毒藥了，連半個異物都沒有。」

火村慢慢地走回我這裏：「喂，有栖。這的確是適合你的事件囉！」的確。在我腦海裏，已經開始思考離奇推理世界裏有哪些毒殺詭計了。也剛好是因爲在野上刑警的前面，所以我剛剛不想太出風頭，不過，好像該換我出馬了。

「加在紅茶裏的毒藥，也可以想成是在犯罪之後所做的僞裝工作。——奧村先生平常有沒有經常服用什麼藥物呢？或者是說，只有昨天才服用的東西呢？」

對於我的提問，回答是NO。

「我從未聽過死前幾個小時可以吞下了什麼摻有毒藥的膠囊。」

櫻井嘲弄道，眼神透露著你想的東西早就被看穿了的不屑感。

「你們確定嗎？」

我也向其餘的四人詢問後，便將這項說法放棄了。不過這本來就是個放棄了也不可惜的假設。

「那，毒藥有沒有可能是塗在湯匙上面？雖然內藤小姐是用自己那份的湯匙幫奧村先生的紅茶裏加入砂糖的，不過並沒有任何人注意到那根湯匙吧？」

「你眞是沒禮貌！」

祥子大聲抗議。身旁的早苗趕緊安撫她：

「穩定點，祥子小姐。如果是塗有毒藥的湯匙插入砂糖罐裏，一定會從剩餘的砂糖裏檢驗出毒性的。但是樺田警部不是有說，沒有那種事情發生。所以他完全是亂講話。」

感覺上她的話語裏面帶有「眞是白癡耶，這個助手」的口氣。不過不用理會這種事。反正我還有想法。

「會不會只有奧村先生是左撇子呢？如果是這樣，只有他會從反方向喝茶。所以毒藥也許全都被塗在杯子的另外一邊。」

「毒藥在杯子上。這次換說眞澄是兇手耶！」櫻井很明顯地一副看熱鬧的樣子。

「很抱歉，我們全都是右撇子。」

「而且，有栖川先生，所有的杯子都檢查了，並沒有任何塗有毒藥的痕跡。」

只有野上表面上一副很可惜的樣子，將話題打住。

那——那——

「奧村先生很痛苦的時候，眞的是因爲喝了毒藥嗎？」

「你這話是什麼意思？」

眞澄戰戰兢兢地詢問。對於我到底想說什麼，應該是完全猜測不到的吧。

「會不會有可能是在 party 上的開玩笑呀？那只是演技，當時並沒有喝下任何毒藥。因爲那是在座的各位裏，某個人和奧村先生偷偷計畫的玩笑。可是，兇手其實是在這個小孩子玩的餘興節目裏策劃著殺人計畫，然後，等大夥一陣驚慌靠近的時候，兇手趁著混亂犯下了罪行一事也是有可能的？」

「千分之一千不可能。那可是眞的發作呀！你這是當時沒有在場才會說出的說法。」

「而且，才沒有什麼趁著慌亂讓他服下毒藥的方法咧，因爲他立刻就氣絕身亡了。」

櫻井和金木鄭重地粉碎了我這個新說法。我因此不知道該說些什麼了。

「還有想到什麼就說出來吧！」火村對我說了這句話之後便轉身：「對了！警部。」

警部則表示好奇地：「什麼事？」

「兇手應該是將毒藥裝在什麼容器裏面帶進來的。那條線索調查的結果怎樣了？」

他從鼻腔嘆了一口氣說：「沒有發現什麼。這裏的關係者在事件發生後，到警察來之前一步都沒離開過現場，可是，即使經過了我們縝密的全身搜查，也沒有任何一位持有可疑的東西。也有想過，也許是藏在室內的某處，不過經過昨晚徹底的搜查之後，還是沒發現任何東西。」

「那屋外呢？你看，窗戶是開著的喔！」

火村指著早苗爲了透氣而打開的窗戶說道。而我則好奇地將頭伸出窗外。外面是草已經枯了的庭院，對面是和隔壁鄰居相隔的矮樹叢。伸出窗戶外的小台子上孤零零地放有一盆小小的聖誕紅。就這樣而已。

「當然，我們也有想過，兇手該不會是將容器往屋外丟棄了吧，所以也去隔壁鄰居的土地內搜查過了。但是，沒有。」

「沒有東西。」

接在警部後面，野上也斷言了。在我們剛到這裏時，也許他正是在庭院裏找這種東西呢！

「那就奇怪了。」火村的語調變了。像是老師在學生的說法裏發現了謊言般，他表現出些微地焦躁：「一定是有容器的。經過了徹底的搜索之後卻沒發現，實在是太離譜了。」

「嗯，可是……」

對於說不出話來的警部，他繼續追加地指出：

「兇手是不可能變什麼魔術來將那個容器處理掉的。如果說是放在平時隨處可見，沒有什麼特別的東西裏的話，就算有發現到也不會有什麼痛癢的。不是嗎？」

「嗯，話是那樣說沒錯。」

野上好像是想回應些什麼而開口，不過好像想過了之後又放棄說了。然後，火村又唸了一次：

「……太奇怪了。」

6

火村又往沙發那邊走去。對於副教授態度的變化，大家都顯得很困惑。而我則反覆地在心裏想著他剛剛訴求的疑問。

的確，找不到容器這點實在是無法領會，只不過是一個掏耳棒杓那樣多的粉末，應該是可以藏在任何地方帶進來的。可是這也不是什麼重要的問題呀？但是，火村卻不能接受。

「也許不是什麼容器之類的顯眼東西。也可能是用紙包著的。但我想知道的是，爲什麼不能鎖定目標的理由。我再問一次喲，警部。那是因爲搜查不徹底的關係嗎？還是，對於那種東西，根本就無法鎖定目標搜查的？」

因爲說的好像是在盤查些什麼，激怒了野上，他火冒三丈地反駁：「因爲我們搜查的場所限定於所有關係者身上的東西、還有這個房間內各個角落、從窗戶投出所可以達到的範圍，所以搜索可說是毫無遺漏。如果眞的有，一定會被發現的。」

「內藤小姐脖子上垂掛下來的小相框項鍊裏也看過了嗎？」

「看過了。」

警部得意洋洋地回答，但是火村卻像機關槍一樣開始滔滔不絕地說：

「女士們會搽的口紅條裏面呢？耳環之類的飾品呢？皮帶的扣環呢？手錶呢？金木先生的半透明色，一百日圓打火機裏面呢？」

和善地持續搖頭的警部忽然停止了動作：「打火機裏還沒有調查過呀！」

當聽到這句話時，金木從口袋裏拿出了有問題的那樣東西，提出了「請你們調查」的要求。警部和野上兩人重新檢查過，但是沒有異狀。

「會不會是掀開了地毯藏在某一端呢？」

「這個，當然是已經調查過的了。」野上的回答。

「那，牆壁上掛的畫之類的也已經早就確認過囉？」

警部很用力地點了點頭。不過在他將頭抬起來之前，火村又放話了：

「大家都看得到的全員前方的卡拉ＯＫ，那個麥克風沒有可疑之處嗎？還是會不會是趁著將麥克風遞給坐在遠處的誰時，不經意地將毒藥加入杯子裏的呢？」

「毒藥在全員的面前，唉，你眞是會想像。」

相對於櫻井偷偷摸摸地小聲說話，圓城早苗像是在表示著，如果是要諷刺人的話，大聲說出來又何妨，她故意提高了聲調說：

「有什麼關係。將這些想像出來的假設排出來看看的話，不正是像什麼 party game 之類的，好好玩喔。嗯嗯，與其說是 party game，還不如說是收尾的戲碼比較恰當呢！」

雖然她說著令人反感的話，但是她那雙手環抱胸前一邊聳著右肩的姿勢，眞的非常迷人。當我的視線和她在一瞬交錯的時候，我不禁趕緊收縮我那放鬆的雙頰，努力地作出嚴肅的表情。

「化妝也沒有什麼動過手腳的痕跡。」

野上那樣回答了之後，便擺出了一副，這次看你還會說什麼的姿勢。

火村稍微停頓了他的問話，早苗則問：「沒有了嗎？」被這麼一說的火村好像有點不認輸。

「不對，還有。各位有人是裝著義眼的嗎？」

「哇！眞是夠了。」

金木舉起雙手往天花板看去。火村則不懷好意地笑了：

「因爲好像有人覺得很無聊，所以這個 game 我們就先放在一旁吧！如果說東西並沒有在室內的任何地方，那應該早已拿出室外。所以在警察到達這裏之前，有人離開過這個房間。」

「沒有那回事，火村教授。眞的沒有那種人。因爲就算是叫救護車也是從這裏打電話的。」眞澄說。

我順口說出聯想到的想法：「如果說兇手已經將容器處理掉了，應該會有以下方法吧。一，偷偷地將容器滑入趕過來的急救人員的衣服裏。二，容器是個不會溶化的膠囊，兇手下了毒之後將它吞下肚……」

一說出口，連我自己都覺得，實在是眞像推理作家的想法呀！

火村說：「如果還有的話繼續說。」

「三，圓城小姐打開窗戶時，從在外面待命的共犯手裏，直接拿了毒藥進來。沒有容器。」

我偷偷瞧著周遭的反應，只有模特兒小姐不發一語、冷淡地笑了一下。

「全部不行，有栖。爲什麼要做這麼危險的事將容器藏起來呢？沒有理由。」

但是，火村突然閉嘴了。而且開始慢慢撫摸他的嘴唇。然後——

「等一下喲！可以耶！」火村毫無預告地自言自語起來。

「咦？」我反問。

「有機會下毒的人只有一人。容器也可以消滅。不對，應該是說容器會不見，的呢——」

「誰，是誰呀，那，那一個人是？」

我都講到口吃了，等著聽他的答案，但是火村卻開始沈默起來。他突然低下頭，應該是在整理思緒吧。全部的人除了我以外，都詫異地注視著突然不說話的副教授。

「……眞是有勇氣啊！」

終於，像是整理完了思緒般，火村擠出了獨白，然後緩慢抬起頭，看著我的眼。

「有栖，你這傢伙剛剛有說到，『不會溶化的容器』對不對？然後我聯想到的是，『會溶化的容器』你覺得如何呀？」

我不知道，身爲給予提示的當事人應該要怎麼回答這個問題。

「那是什麼意思呢？」

警部探出前半身詢問。野上瞇上了他的尖銳眼睛，火村則是站在卡拉ＯＫ設備的旁邊，看著大家開始說了起來：

「雖然是個常識之外的奇特手法，不過是有方法可以在奧村先生的紅茶裏下毒的。這個方法是從推測容器的問題發展而來的。本應該遺留在犯罪現場的裝毒藥容器，到底是怎麼消失的？是的，那東西眞的是消失了。因爲容器應該是——冰塊。」

有犯罪嫌疑的男女五人之中，有一個人發出明顯的反應。那人的肩膀微微地顫抖。

「太天才了吧！你是從哪想到是冰塊的啊？在暖氣這麼強的房間裏，怎可能會有那種容器？」

櫻井反駁，不過火村卻一副很輕鬆的樣子：

「如果那是作爲裝毒藥的容器而使用的話，的確是要放在溫度低的地方喔！例如，室外。就是窗戶外。將東西放在開窗之後可以立刻得手的地方，之後只要等到機會，趁機快速地拿取就好啦。比如說要：『我們換一下新鮮空氣喔！』之類的。」

那句話，是清楚明白地揭發剛才肩膀顫抖的圓城早苗的罪行。這時，她優雅地伸展美腿換個姿勢，不以爲然地哼了聲：「哎，眞是無聊的話題。我之所以接近窗戶，只是爲了透氣，而且就那麼一次。那我又是什麼時候，將裝有毒藥之類的冰塊藏在窗戶外的呢？」

那明顯是裝出來的傲慢聽起來是虛僞的。

「當然是在進入玄關之前啊！妳到了這間屋子之後，先繞道到那扇窗戶外面，然後將做爲容器的冰塊放在窗台上。看是放在聖誕紅的盆栽裏，還是角落。不論如何，窗戶因爲暖氣的關係起霧，從室內是看不到外面的。因爲不知道毒藥會在何時出場，所以，爲了防止冰塊提早溶化，妳說不定還有放些乾冰什麼的保護著呢！」

早苗瞪著火村。那陰險的表情，讓祥子和眞澄對她投以懷疑的眼光。

「好，可以呀。你要說我是事先將毒藥準備在窗戶外面，然後故意裝傻：『我們換一下新鮮空氣喔！』之後回收了那個東西。那麼請問我是什麼時候、怎麼在丈二的紅茶裏下毒呢？哼，你倒是完整地給我說說看呀！」

如果是像她這樣的美女在我面前恐嚇，我多多少少是會稍微卻步吧。但是當緊要關頭，就算恐嚇的對象是流氓——與其說是膽量——其實是少了一根神經的火村副教授卻沈著以對。

「在說那件事之前，」他故意吊她胃口：「裝在用冰塊作成的容器裏的毒藥，到底是什麼呢？我們來具體說明一下好不好呀！那就是，一匙掏耳棒分量的氰酸鉀，被封在角形冰塊中心裏呀！」

早苗輕輕地挺起身，說不定是在作深呼吸。

「將冷藏庫做出來的角形冰塊對半分，在中心部分放入毒藥後密合，再將之冷凍。這工程，就算是再怎麼笨手笨腳的人也都作得出來。」

「那你說那個東西是什麼時候放入丈二的杯子裏——」

「就是在妳從眞澄小姐手裏拿取托盤，往大家的方向運送的途中呀。那時因爲大家都在注意奧村先生唱歌，沒有人在看妳。」

「有眞澄小姐的證詞喔！我拿了托盤之後，可是雙手緊緊地拿著，直接往這張桌子走來。我可是沒有在途中停在哪裏，或者是放開一隻手的耶！」

「沒錯，那正是妳厲害的地方？妳成功了。不必用手就完成了。因爲妳並沒有用哪一隻手拿著裝有毒藥的角形冰塊。」

她嚥下了一口氣。

「沒有用手。──妳應該知道我要說什麼吧？」

早苗沒有回應。

「是的。妳含在嘴裏。雖然說是冰封在冰塊裏，可是那是會死人的氰酸鉀。眞是超乎常識之外的好勇氣呀！妳回收了藏在窗戶外的東西之後，便將它放入口中，然後前去拿取托盤。剛才不是有忠實地演出當時情況嘛！打開窗戶，去拿托盤，到運送爲止，妳都沒開口說過一句話。就連對著眞澄小姐說：『我去搬。』的這句話，也是在開了窗戶之後立刻就說了。之後應該沒必要說明了吧。背對著眞澄小姐運送托盤的妳，看準大家的注意力完全集中在奧村先生時的瞬間，將口中的那塊冰塊吐下。只要將托盤往胸部的高度抬起的話就很方便了。有投入冰塊的那杯就是奧村先生的。雖然等冰塊溶化，氰酸鉀完全混入紅茶裏是需要時間的，不過時間是有的。妳不但是最後才給奧村先生那杯茶，而且他剛好正如米高・傑格般高歌，不會立刻拿起杯子〈譯註：米高・傑格，滾石合唱團的主唱〉。等內藤小姐幫他加砂糖的時候，冰塊已經完全溶解了。因爲妳早已推算調整過冰塊的大小了。」

「將有加入氰酸鉀的冰塊放在嘴裏，會有人作那麼危險的事嗎？就你剛剛所說的，是掏耳棒一匙就可以殺人的劇毒不是嗎？就算是冰封在冰塊裏面，放入口中不會溶化嗎？」雖然早苗傲慢地反駁，可是卻隱藏不了她動搖的臉色。

「當然是可以的。問題點是在執行力和勇氣，還有謹愼的實驗。管他三七二十一，孤注一擲就是了。只要在這場，聚集著說是對奧村先生懷有殺意也不奇怪的人的 party 上，作出自己是辦不到的不在場證明，將那可恨的男人殺掉。的確是有優勢的。——如果是我就會做這種實驗喔，用七味辣椒粉代替氰酸鉀放在冰塊裏面，調查什麼樣程度的大小可以安全地含在嘴裏幾秒。並不是說爲了自己的安全，冰塊愈大愈好。因爲妳希望當冰塊一落入杯中之後可以快一點溶化，所以到底可以縮到多小，妳應該是重複做了很多次實驗調查吧？」

警部、野上、還有我都說不出話來了。當我們正張目結舌時，早苗又尖聲反駁了：

「你在找碴嗎？你有什麼證據說我有那樣做？有的話你倒是說說看呀。沒有嘛！快說呀，你這個陰險的白癡！」

本來，轉爲防守的她，又趁勢進攻了。她猛然站起，雙手叉在腰上對著火村開罵。

「有喔！」火村像是摘掉枯枝般輕而易舉地說：

「妳過於小看警察的科學辦案搜查囉。奧村先生喝剩下的紅茶，在檢查過後可還是好好地被保管著呢！」

「那又怎樣？」

「只要再重新調查，是可能從裏面檢驗出妳的唾液喔！從唾液中可以得知的不只是血型。用DNA鑑定，可以完全鎖定是誰的唾液。——妳怎麼會沒察覺到那種事？」

「……原來如此。立刻叫他們調查。」野上說。

這時我看到了她那浮現著冷酷美感的臉，突然產生龜裂的幻象。火村的話語變成了斧頭，擊下那股容顏。然後，抹著閃耀銀色珠光的鮮豔紅唇，歪斜地半開著，早苗，凍在那邊。

火村冷靜地加了一句話：

「我不會忘記的。妳那賭上性命的最後一吻。」

圓城早苗自白，其餘人嫌疑釐清被釋放了。我們在要帶早苗去葺合署的樺田警部他們身後準備離開，一出室外，冷風刺臉。

其實我很懷疑，眞的可以從含在紅茶中微量的唾液裏鑑定出兇手的ＤＮＡ嗎？那其實應該是火村設下的陷阱吧。一定是利用那毫不姑息的語氣緊緊逼迫著她，引誘她落入陷阱的。而後，野上加以利用了那個轉機。

證明動機、氰酸鉀和乾冰的入手方法等等，雖然還有很多需要警察明確蒐證的地方，但是，這時的早苗應該已經不會抵抗了吧，我想。因爲她已失去了所有。

不對，我看不只是那樣——她自己想的該不會是，即使這個殺人計畫失敗，自已因此喪命，也沒有什麼關係吧。爲了要傾訴自己曾經瘋狂愛過，而在自己破碎的愛情裏殉情。

在前往三宮，歲末人潮混雜的車陣中，火村叼著變短的駱駝牌香菸吐出了一句話：

「我也曾經，有過胸口騷動的思念呢！」

「眞的嗎？教授。」

他連笑都沒有笑。

「應該是。」

這天很冷。

他，擊敗了愛的野獸。

八角形圈套

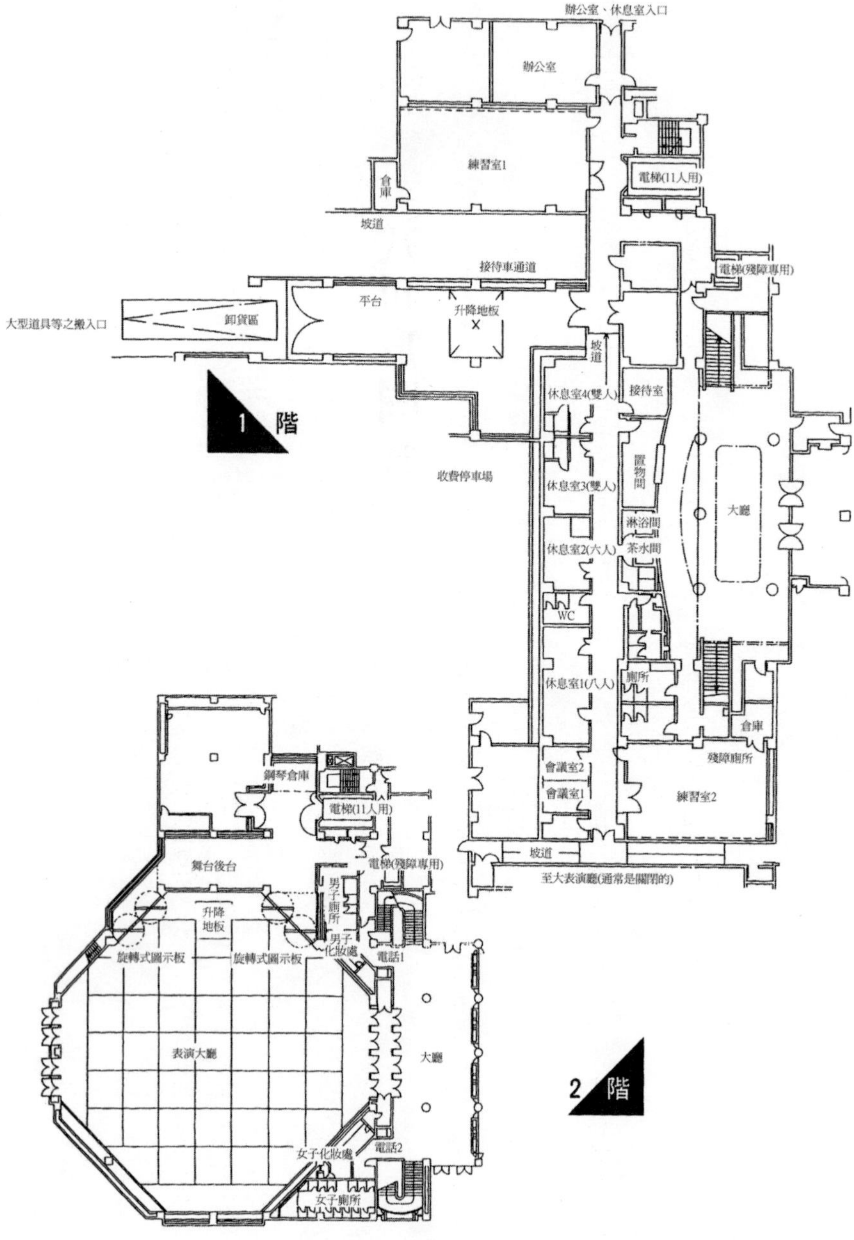
辦公室、休息室入口
辦公室
練習室1
倉庫
電梯(11人用)
坡道
接待車通道
電梯(殘障專用)
大型道具等之搬入口
卸貨區
平台
升降地板
1 階
坡道
接待室
休息室4(雙人)
收費停車場
置物間
休息室3(雙人)
大廳
淋浴間
休息室2(六人)
茶水間
WC
休息室1(八人)
廁所
倉庫
會議室2
殘障廁所
會議室1
練習室2
坡道
至大表演廳(通常是關閉的)
鋼琴倉庫
電梯(11人用)
舞台後台
電梯(殘障專用)
男子廁所
升降地板
男子化妝處
旋轉式圖示板
旋轉式圖示板
電話1
表演大廳
大廳
2 階
女子化妝處
電話2
女子廁所

前言

本作品是以一九九三年十一月廿七日、廿八日，尼崎市 ARCHAIC Hall・OCTO，作爲開幕活動的一環而上演的〈八角形圈套〉（劇本・演出——天野衡兒。原著——有栖川有栖，由伽羅俱梨劇團演出）爲基礎所寫下的小說版本。

以離奇事件舞台 TOUR 爲名目的這項表演，其構想是讓觀戲者親身在成爲殺人現場的練習室、和嫌疑犯所在的休息室來回搜索，而且爲了尋找兇器和證物，而在表演大廳內搜索證據。觀戲者的終極目的，就是爲了參加這個找出兇手是誰的遊戲。

至於本作品，會事先提示和當時相同的情報給讀者，登場人物的一覽表、成爲犯罪舞台的表演大廳整體平面圖。本故事中的劇場雖然是捏造的，但那張平面圖是經過 ARCHAIC Hall・OCTO 的同意之下所使用，眞的是他們劇場的平面示意圖。

在這邊我先預告一下，從本故事第6章的結尾到第7章的開始之間，有作者我（無禮地）向讀者們所下的戰帖。

那不是要接受挑戰了嗎？對於這麼想的讀者，請一邊特別留意普通的閱讀所不會要求的細節讀下去喲——

〈請參考二二二頁的平面圖〉

登場人物

市川美樹【Ichikawa Miki】——女演員
西尾裕司【NisioYuuzi】——男演員
三村亮二【Mimura Ryouzi】——燈控師
吉澤雅義【Yosizawa Masayosi】——舞台導演
權田和也【Gonnda Kazuya】——劇團代表・演出家
武藤弓子【Mutou Yumiko】——女演員
夏木麗莎【Natuki Risa】——女演員
矢島隆【Yazima Takasi】——男演員
樺田——警部
野上——刑事組長
火村英生——犯罪學者
有栖川有栖（我）——推理作家

1

「原來如此，眞的是八角形呢！」

進入表演大廳，火村環顧著四周說。他深表同意這裏、尼崎 ARCHAIC Hall・OCTO 的形狀就和它的名字一樣。OCTO 是拉丁語中的數字8。我們可以從 octopus（章魚）這個英文單字知道，8也成爲這個單字的接頭語。

面對一個星期後才要進行完工總清潔的嶄新表演大廳，新鋪好的地板、水藍色的牆壁、紫色的座位，全都漂亮得不得了。連衝入鼻腔的木頭香氣都很爽快。

舞台上，搭著一座有著大型窗戶的客廳布景。這是等一下要成爲殺人現場的房間。

「可容納觀衆人數是八百人。雖然有些袖珍，不過是很棒的表演大廳喔！因爲有栖川先生可是爲我們寫下了與這間表演大廳的形狀相關、一齣劇名爲《八角館殺人》的推理劇。」

權田和也代替我對火村做了說明。他是 TRICK STAR 劇團的團長，也是一位演出家兼劇團專屬編劇，是膚色白皙的美男子。我覺得他不登台表演實在太可惜了。

「《八角館殺人》，這個劇名很像是模仿其他作家的名作，感覺還挺有模有樣的。」

友人邊說邊斜眼瞄了我一眼。這眞是完全出乎我的意料。

「雖然真的有名稱相似的推理作品，但那是碰巧呀。我可是認為，既然是幫這間表演大廳寫推理劇的原著，所以就取了那種名字——」

我才剛準備要解釋，不過話說到一半覺得很麻煩，所以放棄了。

「大家早——安！」

從舞台右方內側探出頭來的市川美樹，精神奕奕地向我們打了招呼。我輕輕抬起手回應。不知是否因為和火村初次見面，她點了個頭之後，就退回幕後了。

「好啦，你們那邊請坐。」

才剛說完，權田自己就隨便坐下來了。火村和我也仿效他坐下。

「要準備開始了。」他看著手錶：「還有十分鐘兩點啊！有栖川先生這次也是第一次觀看總彩排這種東西囉？」

「嗯，因為平常很少有觀看的機會，可是很期待呢。曾聽人說，正式看舞台劇的表演沒有比看練習來得有趣，不知戲劇的話又是怎樣呢？」

「如果正式表演時比較不有趣的話，可就傷腦筋了。」

「那倒也是。看不到正式表演還真是可惜呢，火村教授。」

「是呀，可懊悔的呢！因為是不克參加推理作家——有栖川有栖其生涯裏最大的活動呀！」

「你不要說得這麼誇張好不好。」

火村英生是京都的英都大學社會學部副教授，專攻犯罪社會學。也是一位具備實際犯罪搜查能力的奇怪研究者，對於實踐刑事案件的搜查，他本人自稱是「實地考察」。

他是我十二年前大學裏認識的朋友。不但嘴巴刻薄，性情也很乖僻。但是，我和他之間這段很久很久的友誼關係，還是毫無疑問地依舊持續。

因爲這是我自己寫的東西——雖然那只是原著，由權田編爲劇本——第一次被演出的關係，本來決定招待火村來欣賞的，但是上演那天，碰巧那傢伙必須出席在札幌舉辦的學會。不過，照常說來，如果第一天不行，應該都會移到別的日子，但，很不幸地，《八角館殺人》不是普通戲碼。是作爲尼崎 ARCHAIC Hall・OCTO 落成後的第一波強檔活動，只在九月二十日上演早晚兩場而已，別的日子就沒有了。我眞是深深同情無法親眼觀看這場超完美好戲的火村。不過我覺得如果只是同情他，他應該沒有什麼面子吧，所以我帶他來看這個總彩排，也就是舞台預演。眞不知該說是不幸中的大幸、還是老天慈悲，今天的他剛好連一堂課都沒有。

「權田先生，雖然有一點早，不過準備就緒了。要開始嗎？」

這次從舞台右方內側出來的是吉澤雅義。身穿口袋很多的牛仔褲和背心。只要看到他皮帶上插著一根榔頭，不管是誰，應該都可以立刻猜出他就是舞台導演吧。不過，如果只看他那五分小平頭和小鬈髮的話，可能會以爲是木匠師父。四十五歲的他，是劇團裏最年長的人。

「開始吧！不過在那之前先來做一個簡單的舞台照明測試。」

權田猛然站起身來，往後上方的照明控制室看去，大聲地對著燈控師——三村亮二呼喊。

「三村！來測試一下昏天暗地！」

「好——的！」對方回答了。然後，才看著兩盞照明燈順暢地降下，緊接著突然一道強烈閃光射向觀眾席。這道預料之外的閃光，讓我的眼睛暈眩起來。

「連作者都會嚇一跳，還眞是沒搞頭耶！」

火村和往常一樣，帶著嘲諷意味說道。可是，原著裏並沒有指定這種燈光的地方。看著權田在一旁吃吃地笑，我想這說不定是他的小小惡作劇。

「好了。開——始。」

權田站起來，一邊面向著舞台正前方，一邊舉起右手，對著在觀眾席後方控制室裏的控音員打訊號。當八角形表演大廳裏緩緩流動著史特拉汶斯基風，使用著不和協音階的管弦樂的同時，觀眾席的照明燈光突然滅去，周圍的空氣隨即凝聚著不尋常的感覺。不論是舞台劇或是音樂會，都無法忍受這種瞬間。然後，當舞台上的照明，也消去一部分時，夜晚瞬間降臨。

在那片刻，舞台上沒有誰登場，什麼事情都沒有發生。但是，那座組裝的客廳的大窗戶對面，開始飄動著什麼東西。是霧——當然是由乾冰製造的——在流動。青色燈光裏飄動捲起的霧美極了。終於，開始可以從舞台左側那聽到低聲耳語。一對男女一邊像是說著悄悄話一邊現身。背景音樂則緩慢地淡出了。

「妳爲什麼那麼害怕呢？妳說的什麼有被別人看到那件事，是杞人憂天啦！那是不可能的。」
矢島隆——在劇中他有別的名字——雙手放在軍褲樣式的褲子口袋裏說道。他的舉止和青年企業家的角色相符，一副俐落、有派頭的樣子。爲了安撫不安害怕的女人——市川美樹，他作了個笑容。兩人的年齡設定皆爲廿六歲。
「嗯，全都按照計畫進行。但是，不知道爲什麼，有人知道加藤死亡的眞正理由。」
美樹將手放在男人的肩膀上，帶著訴苦的眼神對他說。這裏的背景設定是，她正在給年紀有段差距的丈夫服喪中，所以身穿深藍色洋裝。她一邊要輕聲細語地說著，一邊又必須讓所有的觀衆可以清楚聽見，所謂的演戲還眞是辛苦呢！我邊看邊佩服他們。
「不可能。那是完全犯罪——」
「噓！」
美樹舉起了食指，封住矢島的話語。矢島瞬間將話吞下，乾咳了幾聲。
「那，我倒是聽聽看。妳那樣想的根據到底是什麼？是有接到恐嚇信還是恐嚇電話嗎？」
「我就說了不是那樣子的嘛！有人想利用更若無其事的方法傳達。——你來一下。」
她拉著矢島的手，帶他到窗戶邊。
「在那裏。」她指著，說：「那裏有個庭院的大石頭對不對。在那上面曾放著加藤的鞋子。」
「……所以然後呢？」

「不就是有人爲了某種原因而做了那種事嗎？是在迂迴暗示他知道加藤從懸崖上落下一事不是自殺的。」

「眞是白癡。」

矢島皺著眉，轉向窗戶另一邊不加以理睬。不過，也有一種他正將不安強迫埋入心裏的感覺。才一開始就這麼有趣，我覺得很滿意。正因爲過去自己的作品沒有被眞人演出的經驗，所以心情很滿足。

當我正沾沾自喜的時候，舞台下方傳來權田透過麥克風說話的聲音：

「傷腦筋耶，如果不好好切掉的話。」

「對不起。我是配合總彩排開始的時間調的，但是因爲提早開始，我忘記關掉了。」

市川美樹低下頭，用手在她的左手手腕處碰來碰去的。這麼說來，剛才好像有聽到些微的鬧鈴聲，好像就是從她的手錶發出的。她現在應該是在爲她的不注意道歉，然後將手錶的鬧鈴解除吧。戲劇因此中斷，矢島對著自己的手錶吐氣，邊擦拭邊苦笑著。

「你眞的覺得很白癡嗎？如果只有鞋子的話，我應該也不會放在心上的，可是從昨天開始就已經發生了一些不太尋常的事呀！」

美樹立刻又進入她的戲分。矢島也又回到他凝重的表情裏。

「我以後再聽啦！還是不要給人看見妳我兩人獨處的樣子比較好，所以我先回到大家都在的地方。」

「以後是什麼時候？」

「就是以後嘛！」

斷然拒絕了還想要說些什麼的美樹，矢島迅速往舞台左側消失了。被留下來的美樹像是死心般嘆了一口氣，坐到沙發上。背後的窗戶所流動的霧，顯得更爲濃重了。

「太太。」

右側傳來女子的聲音。被叫的美樹，嚇了一跳連忙起身。打開門，出現一位看得出來尚未滿二十歲的女子提心吊膽地站著。她的雙手不安地撥弄著圍裙的邊緣。

「弓子。妳，一直站在門口的嗎？」

美樹拚命掩飾她的狼狽，問道。這時進來的是武藤弓子——角色名剛好也碰巧是叫弓子——然後角色設定是這間屋子的女僕人。和看似清純的外表不相符，實際上的她是個超級大騙子，這將會漸漸顯露出來。

「我……不小心聽到了！」

「聽到什麼？」

戲劇才剛開始不到十分鐘，舞台上就已經充滿著緊繃的氣氛。

舞台右側的樓梯上傳來陣陣聲響，舞台導演吉澤下樓來，站到權田的旁邊。對著耳朵小聲地說著什麼。權田則好像是視線依舊停留在舞台上，聽著那番話。

「……就是麗莎嘛，她應該知道西尾先生的女性關係很複雜，卻像個小孩子一樣在鬧彆扭。我剛想說她怎麼遲到了，結果才知道她好像在後台休息室和西尾先生不知在爭論什麼，正生氣地嘟著嘴……很傷腦筋耶！」

「噢，如果是因爲玩玩被耍的話還眞是麻煩呢！」

權田很不愉快地說道。吉澤則搔著他那五分小平頭說：「嗯，正是那樣。」

「那西尾他那邊怎麼說？」

「閃爍言詞逃避話題呀。身爲好色男，在那方面看來還眞是不老實呢，他。」

「與其說是不老實，還不如說他是既好色又沒度量。」

舞台導演和演出家在談話的同時，戲劇還是繼續著。雖然我盡量讓自己的神經往那邊集中，但是卻非常在意他們兩人的對話內容。因爲我的本性是，就算坐在電車裏，一旦聽到坐在附近座位的人的談話，就看不下書了。看樣子西尾裕司和夏木麗莎在後台休息室，正開始爲著男女情事爭吵。但是已快輪到西尾出場，沒有問題嗎？

「今晚我會找西尾去喝杯酒順便說一說他的。也許他會生氣地叫我不要插嘴管他的私生活。吉澤先生，你先注意一下夏木。要鬧彆扭要吵架都隨便他們，可是如果因此出場時間搞錯的話我可是會生氣喲！」

「應該是不會啦。因爲都已經準備好了。」

在舞台上，女僕人弓子用曖昧的措辭恐嚇了美樹之後，就迅速地往右側離去。留在舞台上的美樹，將手撐在額頭稍微想了一會之後，踉蹌地走著，往舞台左側退場。史特拉汶斯基風的音樂又開始響起，當音樂漸落時，話題人物西尾裕司出現了。他那張像是畫出來般的俊美妝容和這次的角色很相符，不過，就剛才權田和吉澤的對話來看，實際生活上他應該也是個相當會玩的花花公子。他做出一副令人厭惡的樣子，撥弄著抹著厚厚髮雕的頭髮。

他忍著想笑的衝動，捂著嘴坐在沙發上，慢慢點起了菸。在這裏我就先透露一下，劇中等一下會發生的武藤弓子殺害事件的兇手，其實就是他。而持有打火機這件事將成爲指出兇手時的重要伏筆，因此這裏加入這場抽菸的戲碼。不過，就在數天前我聽權田說，即便只是在舞台上抽菸，但因有消防上的問題，所以必須向區公所提出申請。一聽到這件事，我笑道：「這個國家連這麼瑣碎的事都要規範喔！」不過我想，當時權田的內心，說不定正氣我幹嘛寫出這麼麻煩的原著呢！

「一群白癡。」西尾自言自語地丟出這句話之後，叼著菸將手伸向身旁的書架，取下一本皮革裝訂的厚重書籍，反覆地快速翻著頁面尋找著。權田雙手叉腰，什麼話都沒說。

「咦，大哥說過的是這個藥嗎？」

西尾發現了想在書裏找的那一章節，將臉貼近頁面。從夾克的口袋裏拿出眼鏡戴上。因爲這場戲是在沒有說明登場人物們究竟是何方神聖？要做些什麼？的情報之下表演，所以對觀衆來說，第一印象應該很難掌握，這件事是權田和我都瞭解的。雖然我們的想法是爲了讓觀衆細細品味故事的輪廓一步一步確實地浮現出來的趣味，但是，或許有些無理吧，讓我突然感到有些不安。

「的確是這個。我記得後山有很多，要多少有多少。」

戲劇上才有的不自然獨白的高潮處，舞台左側可以看到有人影出現。是夏木麗莎。她穿著冷冰綠的洋裝，不發一語地盯著西尾。本是拱著背，專心看書的西尾，也感覺到了那股視線抬起頭：

「哎喲，是妳呀。呆呆站在那邊幹嘛？要不要來這邊坐呀？」

麗莎沒有回答。兩人之間，冷冷的空氣凝結，連我也緊張了起來。

雖然這齣戲是這樣演的，不過因爲我剛剛才聽到他和她在後台休息室好像發生了口角，所以現場的空氣是連原著者的我都無法預期般地凝重。

「你，會死喔！」麗莎斬釘截鐵地說道。雖然那聲音輕微地顫抖著，卻像巫婆般地超然，口氣像是莊嚴地在陳述神的旨意般。我感覺到了那股如氣壓般的迫力。

「什麼？」西尾闔上書本，迅速地反問。

「如果不快點行動，你會死喔！被大嫂下手殺害。」

這時權田很用力地拍了三次手。「等等，等等。夏木，妳是怎麼了。和彩排的時候完全不一樣耶！妳這樣臨時變卦的話，我和西尾都會不知所措喔！」

她連微笑都沒有笑，將視線轉向舞台下的演出家那邊去。「現在的這個不行嗎？」

「從最初的台詞開始重來。」權田拿著劇本的左手往右手掌心啪了一下，壓抑著煩躁說。

「是的。」麗莎瀟灑地將頭轉向西尾，這一次則是帶著淺淺的笑意說：

「你——會死喔！」

2

最後這場戲是在扮演偵探角色的矢島隆揭發意外的眞相，兇手西尾裕司頓時像洩了氣般垂頭坐在地上收場。火村和我一齊拍手。

「O——K，休息！」

權田使用麥克風說完話之後，演員們釋出了身體的張力，回到平常的樣子。西尾和麗莎分別由左右側離開舞台，矢島和美樹則一起在道具沙發上坐下。

「您覺得如何呢？有栖川先生？」權田一個轉身，用劇本交互打擊著兩邊肩膀，問道。

「看得非常愉快。大家完全融入了角色呢！」

「以推理劇來說，有沒有覺得什麼不妥的地方呢？」

「我是沒有。——教授，應該沒有吧？」

我一邊想著：拜託你可別亂說話耶，一邊開口問火村。本來是放鬆狀態陷在椅子裏的他，抬起了屁股坐好。然後，和我的期望相反，他用毫不客氣的口氣指出：

「就戲劇方面是非常出色的。不過，有法律上的錯誤。關於劇中只有名字登場的，那位叫作俊之的男子，因爲他是代襲繼承，所以會進入受益者的範疇內。另外，關於被殺的女僕人，死後僵硬的過程太快了！如果連手指尖也變得那麼僵硬的話，那屍體不就應該已經在幾個小時前死亡了嗎？底下也許有觀衆會這樣想。」

當我正要開口說什麼時，權田微笑地回答了：「感謝您寶貴的意見，非常值得參考。不愧是法學部的教授，眞是犯罪方面的專家呢！我們立刻會進行更改。」

「很高興能幫上忙。這樣我就有來的價值了。」火村只是很客套地回答，反而刻意避開了訂正自己實際上是屬於社會學部的事。可能是覺得要解釋很麻煩吧！

「果眞是如此耶，我也這樣想過喔！弓子的死亡演技，是不是有點過頭了。也許是因爲初次演出被殺的角色，所以有點過分投入了。」舞台上的市川美樹說。

「過分投入的屍體呀！這不太好喔。」坐在一旁的矢島隆笑道，拿出了香菸，拆開包裝。應該是看到道具桌上還留有菸灰缸，而想抽一根。

「也給我一根。」美樹取走了矢島手指裏夾著的。男演員用打火機幫她點上，自己再重新拿出一根叼在嘴裏。

「咦！這是什麼？還滿清淡的耶！」美樹翹起腿來說。

「這叫作『CROWD』。新發售的。是日本尼古丁、焦油最淡的香菸。昨天，試抽了一根三村在抽的這個牌子，就換了喲！」

矢島給她看了菸盒包裝。就像是劇場的接續演出般，我看著兩人的交談。

「哦！第一次聽到這種香菸呢。雖然你換抽淡菸是不錯，不過，矢島先生你還是少抽一點比較好。因爲一天四包實在是太多了。」

「謝謝妳，美樹。充滿愛的忠告。」

「是完全沒有包含愛這種東西的忠告喲！」

「因爲妳的愛給了西尾嗎？」

「你——說——呢？」美樹挑動著雙肩，嗲聲嗲氣地迴避了他的話題。

「哼，西尾到底哪裏好。麗莎也是弓子也是。難道不能至少請妳醒醒，往我這邊看嗎？」

也許是察覺到我的注意力放在舞台上，權田聳肩說：「有栖川先生。你聽聽就算了。因爲那是他們自己私生活上的問題。」

「你還眞是顯眼呢！」

也許是聽到美樹說那種話，矢島又繼續可憐兮兮地說：

「有顯眼嗎？西尾那樣沒道理地受歡迎，我這裏只會更加不起眼吧，簡直是乏人問津。」

「在外人面前不要講這些無聊事。」權田制止了：「抽完那根菸，就去練習室進行彩排喲！」

兩人回答了：「是。」吉澤則說：「那我先去了。」之後離開。權田將劇本捲起來塞進運動外套的口袋：

「如果可以，也請有栖川先生你們一起來。劇場的練習室平常可是看不到的喲！」

我當然是要見識一下啦。不知道自己以後還會寫些什麼東西，反正多看無害。權田則煽動著火村：「也請教授作爲顧問一起來看看。」

準備要走向出口的權田突然停下腳步，往頭頂上看去：「三村！」

從燈控室當場傳出了一聲：「是！」的回答。

「最後給西尾的聚光燈不夠好。他站的位子是靠那個決定的，所以要注意。還有，最右邊的那顆舞台前頭之懸吊式照明燈的轉向怪怪的，有注意到嗎？調整好它喲！如果很棘手的話，跟大廳的人說一下。」

「是！」

站在權田旁邊的我也往上瞧了一眼，看到了穿著棒球外套的三村在那邊動來動去的身影。他從大學退學後進入劇團已經是第三年了，最初的志向是演員，不過因爲看清了自己的才能，而轉當燈控師。這些事是從其他團員那邊聽來的。老家是奈良的地主，和他那稍微的窮酸樣恰恰相反，可是個有錢少爺呢！

「三村他眞的甘願作個燈控師嗎？難道對於當演員沒有依戀嗎？」往練習室所在的一樓走下去

時，美樹說。

「不論是要當演員或是燈控師，都只是少爺的玩具而已。不用擔心下一餐的人可幸福得很。」

矢島以些許辛辣的口吻說道。應該多少有羨慕的感覺在裏面。

「少爺呢。不過，他算樸實的吧！他可不像某人有那種一天的賽馬賭注可以到五十萬日圓的豪賭興趣。」

「他只是沒有那種氣度而已。對了，這星期天要不要和我一同享受命運呀？我的線報有一場絕對會贏的競賽。只要可愛的美樹小姐願意出資，我一定會連同妳朋友的份，給妳一堆回報的。……怎麼樣？」

「No, thank you.」

「爲什麼？不想賺錢嗎？讓這種機會溜走可是會後悔喲！」

「要賭博請用自己的錢。我對賽馬那種東西沒興趣。而且你眞要賭的話，要買什麼馬劵這種事請自己決定。那不是玩玩而已嗎？」

「嗯，如果只是玩玩的話好像也不錯，不過我現在推薦妳的可是商機無限，是生財之術呢！」

「一年到頭手頭都很緊的人所說的生財之術誰會信呀？」

「哇，還眞嚴格。」

「我可沒有這種不老實的錢。因爲每天都在家庭式餐廳上夜班說著：『跟您重複一下您點的東西』。夏木小姐也很拚命。也許是因爲護士時代訓練出來的體力，她的工作時間可是我的一倍呢！就連弓子也是，一直都在打工，好像也沒有玩樂的閒錢。」

「我也是呀──」

「你有在工作嗎？騙子。如果是辛苦流汗賺來的錢，我才不覺得你會這麼容易就供奉給馬當飼料費哩！你去和較多金錢可以運用的西尾先生拜託看看呀？」

「那是不可能的。他一定會催我趕快將之前向他借的錢加上利息還給他。」

「你這不是不打自招嘛，眞是白癡。」

我一邊聽著身後兩人如說相聲般的對話一邊走到一樓來。橫越過鋪著鮮豔橘色地毯的談話區，通過豪華吊燈的下方，穿過置物間，從並列著休息室、兩間練習場和辦公室等的走廊出去。個別的房間配置請參照前面的平面圖。

彩排室，在表演大廳的圖裏叫作「練習室」，在南北兩邊一大一小共有兩間，現在開始要作的彩排，是在大間的練習室1那邊。我一邊沒禮貌地往半掩的休息室門內偷窺，一邊前進。

3

最後，從我們所面向的目的地傳來激烈的男女辱罵聲。

「對於你的所作所爲我已經受夠了！」

「喔，眞的呀。看樣子我們的見解終於一致了。爲了讓以後可以不用再說這些無聊話，我會從妳眼前消失得一乾二淨。這時機眞是太好了。」

「你這話是什麼意思！」

「好啦好啦！」吉澤的聲音插入：「冷靜一下嘛，麗莎。西尾先生你也是，不要說什麼消失之類的話呀！你不是認眞的吧？」

「認眞就是認眞。我早已下定決心了。因爲要退團的意願，也已經和權田先生講過了。」

聽到這句話，權田突然加快了腳步，站在練習室的門口。雖然那兩扇門是敞開的，但是黑色的簾幔是放下來的。他粗魯地拉開厚重簾幔，如威爾第歌劇中的馬克白般狂亂吼叫：

「我沒有聽你說過那樣的事耶，西尾。而且我記得我是拜託你，請你將電視節目的工作適量調度，分多一點心思在劇團的工作上的吧！現在這個時期對我們劇團來說有多重要，你應該深刻瞭解的呀！」

簾幔對面的西尾回答了：「你說你沒聽我說過？那就奇怪了，權田先生。我們在三宮喝酒，我深切地吐露心情時，你可是不斷地點頭說：『沒錯。人生只有一次，你去做你想做的就好，沒有人有制止你的權利。』一副很懂的樣子。請你可別說什麼喝醉忘記了之類的話啊！」

「『你去做你想做的就好』這種話可不是身爲劇團代表者的我說得出口的。你臨時抽身的話我可吃不消。我很高興你接到東京的電視台的賞識。但我希望你可別誤以爲那都是你自己的實力。」

哇！西尾裕司除了女性問題之外，在劇團內還有別的風波。如闖入了夫婦吵架吵得正火熱的家裏一般，身爲局外者的我眞是尷尬得很。

「太沒道理了，權田先生。我是演員耶！可不是打算在聯誼社玩的。」

權田飛奔進房間：「玩？我的劇團，你是在侮辱我們的戲嗎？」

這時，我旁邊的美樹用手肘頂了矢島的腰：「你去勸架啦，矢島先生。裏面的吉澤先生，看起來已經招架不住了。」

「眞拿妳沒辦法。」

矢島被她推著背，押入練習室裏。火村悄悄拿出駱駝牌香菸和攜帶式菸灰缸，一副事不關己地抽起了菸。我則靠在牆壁上稍作休息。

「不是！話不是這樣說的。我是要說，就是因爲不打算玩，所以才想去外面闖一闖，接受挑戰的啊！」

「那樣的話也不是沒有討論的餘地。只是，請你想一想現在這個時期。如果你是說現在馬上的話，就等於是毀了我們劇團。你不是對我們 TRICK STAR 很用心的嗎？」

「小權，好了啦！」麗莎出聲：「我們就排除他來演嘛！沒必要說什麼會毀了劇團這種客套話留他下來。」

「我要退團。既然這樣，我已經沒有留下來的必要。我會和弓子一起走。」

「和弓子？」美樹驚聲說：「那是怎麼一回事？難道西尾先生……」

「我應該沒有說明的必要吧，隨便你們想像啊！」

「那我怎麼辦？不是有說過將來的事嗎？你好過分！」

美樹責備他的背叛，西尾則說：

「嘿，各位，爲什麼都不願意放我走呢？我可不願被枷鎖束縛啊！」

「哼，眞是令人驚訝，弓子。一副乖巧的樣子，其實卻是個狠角色。」

對於麗莎憎恨的說辭，對方只是細聲細語地：「我不想那樣的……」

「西尾先生，冷靜一下啊！」

矢島插嘴，帥氣的花花公子冷笑道：

「我要退出。之前借給你的錢麻煩請結算一下，矢島先生。」

我開始不耐煩了起來。同時也因爲撞見這場像是漫畫裏畫出來的口角場面，不禁開始認眞地懷疑，這是劇本裏沒有寫到的戲分延伸，還是開開局外者玩笑的餘興節目之一呢？可是，這樣下去這場內鬨也不像會停止。

「看樣子，我們先走好了，情勢如此呀。」我小心翼翼地對火村說。他聳聳肩將香菸揉掉，帥氣地闔上菸灰缸的蓋子。

「眞是抱歉了，有栖川先生。」簾幔忽然被拉開，矢島看著我們說：「可否請你們在大廳稍候呢？我先好好安撫大家。」

「好，我們就稍等一下。」

這不就不用看排演了嗎，我心想，但我還是先答應了。因爲我認爲，既然已看完總彩排，應該可以直接回去了，不過這樣反而可能會讓權田覺得難爲情吧。

「就像兄弟吵架一樣，經常發生。不過立刻就會結束的。」矢島說完之後就進去了。

「走吧。」火村抬著下巴示意。

坐在空盪盪沒有人的椅子上，他什麼話都不說，又叼起了駱駝牌香菸。我無意識地看著牆上的鐘，吐出：「已經四點了啊！」火村將煙氣吐成圓圈玩著，這時，吉澤急急忙忙跑來。

「怎麼了？」我問。

「突然，練習室的燈光熄滅了。會是停電嗎？但因爲走廊的燈還亮著，我心想難道是故障了？正要去看分電盤的情況。」

「你說的分電盤是……」

「在舞台右側的後方。」

「我可以去看看是什麼東西嗎？」

舞台導演笑了。「劇場的分電盤，沒什麼不一樣的啦。不過，如果想看的話請來吧！」

我一站起來，火村也面無表情地緩緩站起。當三人並肩準備一起走上樓梯時——練習室那邊傳來如怪異鳥類般的女子悲鳴。一聲、兩聲。之後是胖男人的叫聲。

「那是……？」

吉澤樓梯上到一半後突然一個轉身，往來的方向跑去。因爲好像有股不尋常的不祥感從置物間的後方飄盪出來，火村和我也不由自主地追在他身後。

一出走廊，正好看到夏木麗莎一頭亂髮，臉色慘白地從練習室飛奔出來。我嚇了一跳，不禁停下腳步。

「怎麼了？麗莎。」

對著在問話的吉澤，麗莎順勢撞上了他：

「西尾先生他，死了。」

「死了？」

眞是愈來愈像戲劇般的進行了，而立刻有反應的還是火村。他貼近麗莎的臉，問：

「妳說死了是怎麼一回事？」

「因爲燈光熄滅後，變得很暗，所以拉開了、簾幔，打開、走廊上的、燈、一看。」她斷斷續續地說：「西尾先生，倒在地板上，我不知道是怎麼一回事，小權叫他，推他，西尾先生，都不動了。然後，我靠近一看，沒有呼吸了，脈搏，脈搏，沒有了。」

從練習室裏權田現身了：「火村教授，事情不好了。」

通過說著那句話的權田身旁，火村進入了室內。像是說「你看看吧！」，權田狠狠掀起簾幔，吉澤和我則伸出頭來往裏面瞧。

從走廊射進的光亮，照出了躺在地板上的男人，和跪坐在一旁的團員們的身影。弓子反覆叫著西尾的名字，美樹則如祈禱般雙手合十在胸前。火村從舞台導演那借來手電筒，調查著已經倒地的西尾裕司的瞳孔大小，最後終於抬頭，沈重地說：「已經不行了。」

「你說已經不行了，難道是說他眞的已經死了嗎？」

弓子快哭出來的樣子。火村看著她的眼睛點點頭，然後對權田說：

「請立刻通知警察。情況看起來不太尋常。」

這是什麼意思。

「大廳人員不在辦公室裏喲！」矢島往隔壁房間看了一眼，愁苦地說：「我打電話。」

權田驚訝地直盯屍體看，拿出了手機：「警察嗎？這裏是尼崎 ARCHAIC Hall・OCTO。在排戲過程中有團員突然死亡。請馬上，過來一趟好嗎？……嗯，我叫作權田——」

火村無視往房間角落移動，嘰嘰喳喳報告的他，對著大家下了指示：

「好了，各位，請離開房間。不要碰任何東西。然後，也請不要帶走任何東西。出了房間之後請不要離開，待在一起。」

不容分說的強硬口氣。被趕出來的團員，視線像是釘在屍體上般一步一步地退了出來。除了他自己之外，每個人都退到門口，他又下了第二道指示：

「請各位在那邊看著我現在要做的事。然後，等一下請記得對警察說明，我只有大略看了一下現場，並沒有做出怪異的舉動。」

他感覺到西尾的死有不尋常的地方，而準備進行「實地考察」。不知他們知不知道那件事，團員們全都回答：「好的。」也許是因爲他那煞有其事，堂堂正正的態度，所以沒有任何人想到需要勸告他：隨便進入現場應該是不太好的吧。

第一次看到的練習室，裏面一片悽慘的。大小應該比學校的教室大一些吧。鋪著室內地板。右邊的牆壁排列著大面鏡子，前面也裝有跳舞練習用的桿子。房間內側，左邊有一架平台式大鋼琴。左邊牆壁邊有一張三腳的鋼管椅。室內的陳設只有那樣。而屍體躺著的地方，就在鋼琴前面一公尺左右。

犯罪學者單手拿著手電筒，從屍體周邊開始，在室內繞了一圈來回調查後，往我們這邊看了過來：「這樣太暗了看不清楚。有栖。你和吉澤先生一起去調查一下分電盤。」

我對吉澤簡短地說：「請你帶路吧！」

回到二樓的觀衆席往舞台上跑去，進入了右邊內側。這時，我踢到了放著煙霧用的剩餘乾冰的鐵桶，裏面的內容物都翻倒出來了。要冷靜呀，我對自己說。

分電盤是在電梯旁的牆壁上。打開蓋子一看，立刻發現到上面貼著什麼奇妙的用具。我趕緊制止了正要伸手去拿的吉澤，拿出了手帕包住，將那個東西拿下來。那件物品大小大致上是手掌可拿住的範圍，構造只是一個金屬本體和一個塑膠製的咬合物而已。

「這是……」吉澤呻吟了一聲。

「你有印象對不對？」

「嗯。是計時器啊。以前，在我待的小劇場裏演戲時有用過。因爲是個有很多機關的戲，人手不夠，這個計時器是切掉照明用的。」

原來如此，上面的確刻有類似的刻度，標度盤的指針指向零。完全看不出是幾分鐘前設定的。

「也許……有誰將這東西私自帶走了。」吉澤一邊發出聲響地搔頭一邊自言自語。

「帶走了……要做什麼呢？」

舞台導演沒有回答。

我趕緊先將被切掉的練習室1的照明復原。

「發生了什麼事嗎？」

突然，從照明控制室傳來三村的聲音。抬頭一看，那位被稱作少爺的燈控師，正悠哉地往我們這邊看。一樓的混亂，他當然是渾然未覺。

「三村先生。」我叫了他：「有沒有看見誰在分電盤這邊動手腳？」

他張大著眼，好像聽不太懂：「因爲我一直在這裏，所以看不到舞台的內側。發生了什麼事情嗎？」

「反正你下來就是了。發生大事了。」吉澤誇大地擺動身體，對三村招手。

裝上計時器這件事，代表有人故意要讓練習室變暗。在那個製造出來的黑暗裏，西尾裕司之死是要述說什麼故事嗎？

盯著手中的計時器，我嗅到了濃稠的犯罪氣味。

4

我們拿著剛取下的計時器走到樓下時，尼崎署的警車正好到達大廳的前面。從權田通報之後還沒過五分鐘。因此，帶領警察們到西尾離奇死亡現場的工作就由我們擔任了。不只劇團成員、和終於出現在現場的數名大廳人員，連火村也出了練習室外，一起等候警察的到來。應該是察覺到所轄署員要來了，而迅速地結束他的實地考察的吧。現場被黃色膠帶嚴格封鎖了。

我們往練習室2移動，在那裏，全員集合起來接受警方的盤查，說明關於西尾死亡的經過。他有沒有什麼和平常不一樣的樣子？（沒有什麼特別的），他吃下了什麼東西？（沒有），知不知道什麼他會自殺的原因？（沒有想到什麼），誰在分電盤上動了手腳？（不知道），說這說那的。

在這樣做的同時，兵庫縣警到達了，騷動的氣氛更甚。應該在進行西尾的驗屍吧。我們除了沈默看著事態的進行也別無他法。

「這不是火村教授嗎？」

身軀威風凜凜的刑警一進入練習室2，像是從內心深處被震懾住，露出了本性，發出狂叫。是到目前爲止曾經多次一起搜查的樺田警部。知道這起事件是由我們所熟識的他負責，我就放心了。但當我瞥見到在他身後的刑事組長野上的臉時，那份安心感稍微萎縮了。這是因爲我知道那位眼光銳利的中年刑警，對火村和我不抱有善意的關係。隨便踏入自己神聖工作現場的平凡民衆，而且那些人還是所謂的犯罪學者與推理作家之流，那種輕鬆的存在，怎不會觸怒終於熬出頭來的刑警呢！因爲可以想像類似的模式，所以我盡量不去刺激他。

「有栖川先生也在。這到底是爲什麼呢？」警部問。

「我們並不是比警察還早得知事件消息。只是剛好在這裏而已——」

在這，火村簡短說明了這裏剛進行著舞台劇的排演、還有那個原著作者是我之事。警部只說：「喔！原來是這樣。」便立刻進入了工作。野上刑警像是和女兒男友見面的頑固父親般，看起來很不愉悅地不發一語。

「我是兵庫縣警搜查一課的樺田警部。」他先用那種如森山周一郎的美聲作了自我介紹之後：「因爲知道了西尾裕司先生的死因，先報告一下。西尾先生的死，是從頸部處注射毒藥進入血管，或是滲入血管的。」

如同高中生在做英文日譯般生硬地說著，但是那個內容卻直接衝擊我的心臟。「怎麼可能！」「不會吧……」的聲音喧囂而上，權田甚至不由自主地站了起來。

「這是事實。是驗屍官剛剛下的評斷。」

這時樺田慢慢地看著火村：「對於毒殺這件事，教授好像不太驚訝耶？」

「是的。」副教授平靜地回答。

「爲什麼呢？西尾先生倒地的瞬間您明明不在場，應該是察覺到什麼了吧？」

我的興趣也被喚醒了。

火村，首先，明確告知在尼崎署員到達之前就先做了簡單的實地考察——樺田警部對此事並不在意——，他敘述著：

「因爲在舞台上是那樣活躍的他居然就這樣死了，我覺得不尋常。大致上因爲沒有會自殺的行爲，所以我先懷疑了病死、意外死、還是他殺。病死先放一邊，因爲他在練習室並沒有吃下任何東西，所以無法想像是不小心吃下了毒藥，也不可能是被事先下毒。於是，我調查了皮膚露出來的地方——手、臉、脖子——，結果在後頸部發見了微小的血跡。仔細一看，像是被針扎過的痕跡。」

「所以就直覺他應該是被注射了毒藥囉？」

「不只那樣。更奇怪的是，在他的夾克衣領上，塗有微量的夜光顏料。」

「夜光顏料？」警部像是被棒子打到額頭般稍微向後仰。

「您沒發現到對不對？這也難怪。我之所以會發現那件事，應該是因爲屍體的檢驗是在停電時進行的關係。」

「也許是那樣啊。可是……夜光顏料和注射毒藥，會有什麼關係呢？」

「不論說那是多麼有個性的演藝世界，我沒有聽說過在夾克衣領塗上夜光顏料的風尚。而且因爲在黑暗中輕微發光的那個部分，就在有問題的後頸部傷痕附近，所以我想到了不尋常的事：這個夜光顏料，會不會是兇手作爲給西尾注射毒藥時的標記呢？

「也就是說，這是殺人事件。兇手事先在西尾的夾克衣領塗上夜光顏料，然後在分電盤裝置好計時器。之後偷偷帶了裝有毒藥的注射器，等待只有自己知道的黑暗到來。終於停電了。兇手透過發出些微亮光的夜光顏料的提示，扎向西尾的後頸部──」

「無論如何，我去調查一下是否眞的有夜光顏料之類的在上面。」

野上終於開口了。警部點頭同意之後，他轉頭透過肩膀，對火村投以不友善的目光。

「火村教授，那樣恐怖的事，您說的可是眞話？在我們之間居然有人下毒殺害了西尾！」

武藤弓子痛苦地說道，火村若無其事地回答：

「這種事當然不會開玩笑。我是說眞的。」

警部對著我們問：「如果教授所言屬實，兇手如果尚未將作爲兇器的注射器呀裝毒藥的容器呀處理掉的話，就應該還在身上囉？」

火村輕輕點頭：「是的。西尾先生死亡之後，這邊的人沒有任何一人有獨處的機會。從現場沒有兇器掉落的方向來看，我覺得一定還留在兇手身上。雖然我這樣作是超越了本分，不過我想建議一件事——」他看了大家一眼，說：「停電時有待在練習室的人，都應該要接受全身搜查。」

在沈默了五秒之後，先有回應的是矢島：「做一下吧！不是要做全身搜查嗎？如果火村教授的假設是眞的，只要注射器和裝毒藥的小瓶子出現，事情就解決了。」

「如果沒有出現呢？不就只會留下不愉快的回憶。」權田說。

也許他是以身爲劇團代表而發言的，不過其他團員卻有些意外地，斬釘截鐵反駁了他的意見。

大家都說，是應該做的。

「以被懷疑的眼神看才更不能忍受吧？因爲我一點虧心事都沒做，所以我沒無所謂。」

對於美樹的說辭，權田折服了：

「我知道了。我也問心無愧。如果大家都贊成，就請開始吧！」

就這樣，警部在連開口要求要做全身搜查都不用的情況下，事情就自發性地實施了。警部被美樹問道：「沒有女警員嗎？」之後才指示部下，事情的情況大致是這樣。男性在這間練習室2，女性在對面的會議室接受檢查。

「誰都沒有處理掉兇器的機會，這是正確的囉？」在房間角落的警部拚命向火村確認。

「嗯。嚴格說的話，吉澤先生從練習室飛奔而出，到我和有栖所在的大廳之間，是一個人，但是因爲可以聽到他急促跑步的腳步聲，所以應該不可能會繞到哪裏去將東西丟掉。之後，他和有栖一起爲了去查分電盤而上了二樓，但是那時應該不會有機會可以單獨行動。對吧？」

被火村一問，我很有自信地保證了那件事。

野上刑警回來了。他告知了在被害人的夾克衣領上，不用懷疑確實塗有夜光顏料之後，報告了驗屍官的判斷說犯罪時使用的好像是氰酸系的毒藥。後頸部的傷痕的確是注射的痕跡，毒藥是從那裏注射進入西尾的血管內。如果是那樣的話，不論在哪裏就一定會有注射器或類似品，還有裝毒液的容器。

「好，請仔——細搜查。我可是沒有什麼隱藏式口袋的喲！」

矢島一邊將外套脫下來交給刑警，一邊說出不太適合現在這個場合的挑釁。他脫了鞋，也敞開了襯衫。感覺上像是，如果不制止他的話，應該會勇猛地當場全裸。

吉澤努力做出冷靜的樣子。權田則稍微不愉快地接受了檢查。我們想尋找的東西卻沒出現。

「如果沒有人擁有可疑的東西，那代表什麼呢？」我詢問火村。

「應該會出現的呀……」

「你這不是毫無自信地語尾曖昧嗎？」

他用食指在鼻子下方搓了幾下：「嗯，應該會出現的，不過也有我懷疑的地方。我在西尾裕司倒在地上時，是爲了管理而奪去了在場任何一人的獨處機會，但是關於那一點，卻沒有任何人趁隙或是找藉口逃走。各位在我建議說要做全身搜查時也沒有害怕的跡象。這樣的話，誰是兇手，和犯罪有直接關連的東西說不定已經不在身上了。」

「那麼兇器呢？」

「好啦，別急嘛！」

火村冷靜地說。但是，當仔細的全身搜查結束時，我抱持的疑問也成爲樺田警部的疑問了。而他卻只是自言自語了一聲：「奇怪。」

「好像沒有誰的身上有奇怪的東西呢！」矢島吐出了一口氣：「注射器、毒藥、夜光顏料都沒有。」

這時，女性們從會議室回來了。走在前面的夏木一進門，就接著矢島的話說了：

「雖然沒有誰的身上有奇怪的東西，但是我們的嫌疑並不是那樣就可以洗清的吧？如果西尾先生眞的是被下毒殺害，當時在一起的人只有我們不是嗎！」

「和三村沒有關係哦，因爲那位少爺是在三樓工作。」矢島舉起大拇指，指向在牆壁那邊安靜待著的燈控師說。

「對呀，而且他也沒有殺害西尾先生的動機。」

「動機？」樺田沒有聽漏掉：「從妳說話的口氣，聽起來像是其餘的人有殺害西尾先生的動機囉？」

「不要隨便亂說會導致誤解的話，麗莎。」

對正要開口說話的麗莎，權田斷然地表示。不過她卻一點都沒因此退縮：

「哎喲，這種沒常識的想法一點都不像小權會說的話耶，故意隱瞞只會讓刑警的印象不好。而且就算我們都不說，教授那邊一定也會全部說出來的！」

教授那邊指的當然就是火村和我了。火村換了一個姿勢：

「被說成是搬弄是非的小子眞的是很遺憾，不過爲了要讓誤解減到最低，那種難以啓齒的事還是自己說明一下比較好呢？」

「眞是會說耶，反正是別人的事嘛！」

美樹一邊捏著耳垂，一邊哎呀呀地說。和我眼神相對時，則做了一個無可奈何的苦笑。和麗莎與弓子比起來，她好像還在調適她的心情。

「也許正如火村教授所說。那就由我來說吧！」

權田勉強開始說了起來。針對西尾裕司和夏木麗莎、市川美樹、武藤弓子之間戀情的爭奪戰。矢島隆向西尾借的賭博資金陷入了還不出來的窘境。然後也說了權田和也他自己對於西尾要脫離劇團一事反對的事情。

「雖然不能否認最近的他是劇團內部的麻煩製造者，可是都只是小糾紛，沒有什麼可以發展成殺人事件般嚴重的事情。我那樣說明大家都聽懂了吧？」

權田結束了他的陳述，看著樺田警部的反應。可是，警部對於他最後的問題並沒有回答 yes 或 no。

「這麼說，關係者裏面只有吉澤先生和三村先生兩人，和西尾先生之間沒有衝突囉！」

這是警部的自言自語，不過美樹卻好像以為那是在問問題。或許也不是那樣，但她很認眞地回答了：

「雖然沒有可以聯想到殺人的那種大衝突，不過其實卻有最多的麻煩不是嗎？一個是對於西尾先生的任性沒輒的吉澤先生，一個是總是被嘲弄的三村先生——」

「拜託妳別說了。那種小事對事件的搜查沒有意義嘛！」

權田提高音量說。對著喋喋不休說著不該說的事情的她，像是要用抹布將她的嘴塞起來一樣。

「如果是小事的話讓她說說又何妨。我也聽過吉澤先生喝醉時說：『我已經受不了了。』……啊，雖然說是那樣，不過我可一點都沒懷疑吉澤先生會殺西尾先生喔。」

「感謝妳的好心，美樹小姐。」吉澤看起來很疲憊地靠在椅背上，稍微帶刺地回話。

「反正先搜索東西出來吧！」

警部對著野上說，對方則立刻強而有力地回答：

「因為事件之後沒有人從這裏出去，所以一定是在這裏的某處。我一定會找到的。」

口氣像是獵犬在低聲呻吟般。

5

刑警們出了練習室之後，練習室內的空氣暫時緩和了一下。而矢島則吐了一口好長好長的氣，放鬆肩膀。

「有這種事嗎？一進行殺人戲碼的排演，主角就被殺了，我的天呀！而且在戲裏還是演兇手的演員。」

這時我腦海裏浮現劇中夏木麗莎對著西尾說出的台詞。

——你，會死喔！

根本就是不祥的預言成眞。我相信裏面一定也有人想到一樣的事，覺得很不吉利。「你，會死喔！」的台詞是權田寫的，感覺上應該和身爲原著作者的我沒有什麼連帶責任，可是我還是無法釋懷。那被分到要說那句台詞的麗莎又是什麼感想呢？那個給我們見識到超級逼眞演技的她？

我雙手捧著臉頰，楞楞地看著地板想著這些事。

三村突然大剌剌地從椅子上站了起來發出大聲響，身旁的弓子驚訝地縮了一下。

「嚇了我一跳……」

「對不起。我去一下洗手間。」

他駝著背走出去之後，麗莎小小聲地說：

「三村他，眞的都一直待在燈控室嗎？因爲沒有人在二樓以上，所以沒人看見他對不對？」

權田打了一下自己的大腿。「拜託妳，不要那樣亂揣測。我是不知道三村有沒有在燈控室，可是那傢伙沒有在練習室裏一事是確實的不是嗎？」

他站了起來，開始在房裏來回踱步。

「可是照明熄滅了呀，所以有可能是從外面偷偷進來的吧？而且有方法可以不和有栖川先生們擦身而過呀！」

「不，那不可能。因爲裏面很暗，停電時如果有誰掀起簾幔潛入練習室，外面的燈光就會照進來，我們立刻就會察覺的不是嗎？」

權田的回答有道理。簾幔下方只有些微的空隙，並不是匍匐前進可以鑽進去的大小。只要侵入者稍微掀開一點簾幔，在黑暗中的人，是可以立刻察覺到明亮的變化的。

「將三村先生捲入這場事件是無理的。」

弓子突然說出這一句話，麗莎則轉頭看她。

「我才不是無理地要將他捲入這場事件。如果讓妳不舒服不好意思。因爲是妳的前男友嘛！」

「這件事和那件事一點關係都沒有！」

從這段簡短的談話，可以知道弓子和三村以前有更親密的關係。看樣子這裏的八個人，已經被糾葛的線複雜地纏在一起。

「八角關係。」我如自言自語般小聲地脫口而出聯想到的事。「已不是三角關係的範疇了。」

火村在他伸手可及的附近看到菸灰缸後，就叼起了駱駝牌香菸。

「是被攪亂的八角形呀！雖然是純粹的偶然，那八個人的名字分別是從一到八感覺也別有意義呢！」

「一到八——啊，原來如此。」

市川美樹、西尾裕司、三村亮二、吉澤雅義、權田和也、武藤弓子、夏木麗莎、矢島隆。這樣一排列的話的確是從一到八漂亮地連號。當然這種事情和西尾被殺害是不可能會有關係的。（譯註：市川美樹（IchikawaMiki），ICHI 發音是日文的一。西尾裕司（Nisio Yuuzi），NI發音是日文的二。吉澤雅義（Yosizawa Masayosi），YO發音是日文的四。權田和也（Gonnda Kazuya），GO發音是日文的五。武藤弓子（Mutou Yumiko），MU發音是日文的六。夏木麗莎（Natuki Risa），NA 的發音是日文的七。矢島隆（YazimaTakasi），YA是日文的八）

三村從洗手間回來了。離開了位子，不知道剛才的話題在自己身上的他，以一臉不知在想什麼的撲克臉回到在角落的椅子上。也看到了弓子意識到他的存在而轉移視線的動作。

「我也來抽一根。」

矢島拿起掛在椅背上的夾克，掏了掏口袋。最後終於取出來的是那個新發售的香菸。而吉澤也取出七星還是什麼的抽了起來。

「兇手是什麼時候，怎麼將東西處理掉的呢？」

我悄悄詢問火村，他則是在自己吐出來的煙霧裊裊裏皺著眉說：

「哎，我不知道。因爲夜光顏料也許是在事先就塗好了，所以找不出來東西是不奇怪。毒藥也已加入注射器內拿著走的話，找那個容器也沒用。但是，注射器、或者是代替品一定會在某處。因爲沒有人離開這棟建築物的關係。」

「那個注射器的代替品是什麼東西呀？兇器該不會是用乾冰製成的注射器，在大家騷動的時候蒸發消失了，這不太可能呵！」

「不是乾冰，說不定是用麥芽糖加工做出來的注射器喔！兇手事後將它唏哩呼嚕地吃掉了。」

「拜託你。」我制止了他。「對不起！都是我亂說話不好。」

「知道就好。」

突然一聲「砰」的聲響，我們停止了悄悄話回過頭看。結果映入眼簾的是椅子倒地，矢島右手掐著喉嚨，另一隻手激烈地抓著空氣的奇異畫面。

「怎麼了？」

火村如非洲豹般火速奔向矢島，但是卻被發出痛苦呻吟的對方衝出來撞倒。

「可……可……欺騙，了哈……」

矢島吐露出來的呻吟聲裏，我好不容易聽出來的就是這些了。之後沒有說出什麼完整的話。他也許太痛苦了，身體靠著牆，就這樣一點一點地瓦解了。

「有栖，快叫醫生來！」倒在地板的火村大叫。

在準備出發前去通知異狀之前，我看到地板上掉落了一根還在飄著煙的香菸。抽起那根菸之後的矢島就痛苦了起來。莫非香菸裏也被下毒？

不對，等一下再想。

帶著要來檢查的檢驗醫官和在他身旁的野上刑警回到練習室2時，喜歡賭博的演員只不斷地痙攣，進入了令人絕望的狀態。就連火村都只能束手無策地注視。

「發生了什麼事？」

在敞開矢島胸部的醫師旁邊，野上小聲地詢問火村。副教授則用下巴動作表示那根已經熄滅了的香菸。

「抽了那根菸之後立刻就陷入痛苦狀態。請靠近一點看。濾嘴處有被針刺的痕跡。」

「什麼？」野上四肢趴在地上看了那根香菸。看樣子好像是看到了火村指出的地方。

「所以你是說這東西也被注射毒藥了？」火村點頭。「是的。我想，矢島先生也吸入了相同的毒藥。」

氰酸系的毒藥不只可以經由靜脈注射，還可經由吸入、攝食、還有皮膚接觸導致死亡。兇手活用了那種特性。

醫師開始了人工呼吸。捲起袖子的醫師拚命地連續壓迫矢島的胸部，他好像已經病危，呼吸停止了。

「眞是太過分了。警察都來了還殺人……。火村教授。這次你也在同一間房間嘛！這到底是怎麼一回事？」

不知是太興奮了還是怎樣，野上緊逼著火村說著挑釁找麻煩的話。友人像是惜字如金般咬著嘴唇。

「反正，我先去通知樺田警部。」對著野上說完，我又跑出去了。

警部正在和數名搜查員一起在二樓大廳，往放在那邊的棕櫚樹大型盆栽看。我看不出他們在做什麼。

「樺田警部！」

我大聲叫喊，他倏地轉向我這邊：

「啊，有栖川先生。你來得正好。我正想請火村教授過來這裏一趟呢！」

這是怎麼一回事？不對，我是不知道那邊到底是有什麼，不過現在不是說那件事的時候。

「矢島先生不行了。好像是因爲香菸濾嘴被下毒了。」

「毒？」

「現在正在請檢驗醫官處理中，不過可能已經不行了。」

「香菸裏有毒！」警部緩慢地抬起了右手：「是用這東西注入的呀……」

我，驚訝地吞下一口氣。

他用手帕包裹的東西，是一個大小約小拇指長的小型注射器。

6

矢島隆回天乏術。「四點五十七分。」

檢驗醫官看著自己的手錶，莊嚴地宣告矢島死亡的時刻。

房間裏迴盪著如墳墓般的死寂。而後，權田離開了房間，不知從哪裏拿來了白色床單，給屍體蓋上。

「爲什麼會這樣……」

弓子咬緊牙說。美樹和麗莎，像是忘記了西尾死前的口角般，身體互相緊勾著。

「咦？」

醫師發出奇怪的聲音，拿起了矢島伸出在床單外的左手。野上像是有話要說卻沒說出口地注視著事情的演變。看樣子，醫師是對矢島手上的手錶有興趣。

「這個手錶慢了五分鐘耶！」

人類眞的是很奇怪的動物，一聽到這句話，幾乎所有的人都反射性地看著自己的手錶。但是看了又能作什麼呢？

「咦！你的怎麼也慢了五分鐘？」吉澤看著三村的手錶說。三村則反過來看了吉澤的手錶說：「好像耶。其實，我爲了調整日期而動到了長針，所以，在總彩排開始之前，從矢島先生那裏問了時間而調過的。所以我的也因此不準了吧。」

「喔！原來如此。」吉澤瞭解了：「雖然這樣說好像對已經去世的矢島很失禮，不過那人是個習慣遲到的人。今天說來還算是比較早到的呢！」

雖說是習慣遲到的人，但是手錶也不可能會一直是慢著幾分鐘的呀。吉澤的說詞雖有些牽強，不過沒有人說什麼。

「在這麼多刑警，如群雁聚首中殺人，這種輕視人的事情也做得出來！」

野上不動聲色地咒罵著。我想火村一定也是這樣想的，不對，連續遇到兩個人死亡的他，所感受到的屈辱應該更大。

「樺田警部。」火村用食指邊摸嘴唇邊問道：「注射器是藏在二樓的棕櫚樹盆栽嗎？」

「是並列的五個裏，正中央的盆栽。」警部仔細地回答：「深深地插在土裏，因爲幾乎可以說是已經埋起來了，只看一眼的話還眞看不出來。」

「確定了那東西就是兇器嗎？」

「才送交鑑識鑑定中，不過初步判定應該不會錯。是在大廳內搜索，好不容易才發現到的。因爲除此之外沒有任何類似注射器的東西。」

火村沈默了，又開始用手指撫摸嘴唇。那是他在想事情時，下意識的動作。

「眞是奇怪耶！西尾先生被殺之後，沒有任何一個人離開現場單獨行動。而且，爲什麼兇器是出現在二樓的大廳？眞不知道兇手是什麼時候，怎麼去藏起來的。」我說。

「西尾死亡當時在現場的人，之後，有去二樓只有吉澤先生而已。」

權田誠惶誠恐地說著，舞台導演則是驚訝地呆呆看著演出家：

「權田先生，那是不可能的吧。你應該不會是想將罪歸到我身上吧。當然，我有離開現場啊。那是遵照火村先生的指示，帶有栖川先生去察看分電盤時，而上了二樓。而且，我單獨行動的時間可以說是連一丁點都沒有。有栖川先生可以作證。」

「沒錯。」

我斷言，權田則一副做錯事的樣子搔了搔頭：

「不是，我不是懷疑吉澤先生啦！因爲我也覺得很不可思議，爲什麼注射器會從二樓的大廳出現呢？只是這樣想的而已啦……」

火村拿出總是會放在內側口袋的黑色絹絲質手套戴上雙手。然後，連跟警部們都沒說一聲，就在掉落地板上的矢島外套的口袋裏摸來摸去。外套是在全身搜查時脫去，矢島將它掛在椅背上的。因爲吸入毒藥開始呈現痛苦的時候，翻倒了椅子，所以外套就一直掉落在地板上。

火村取出了「CROWD」菸盒輕輕甩了一下，有幾根香菸掉出來在手掌上。看樣子好像是在檢查剩餘的香菸有沒有異狀。野上咂了一下嘴，像是說著讓我來般，伸出了右手。副教授在確認了菸盒本身沒有奇怪的地方之後，便將東西交給了野上。

「其餘的香菸濾嘴，沒有用針注射的痕跡。」火村脫下手套。

「菸盒也沒有異狀。這麼說來，兇手是在矢島先生拆開香菸後，到他死前抽的那一根之間，只在一根香菸裏下毒的吧。」

我們有目擊到他在拆菸盒。總彩排結束後，他在舞台上將封條拆開，然後遞了一根給向他索取的美樹……

「矢島在全身搜查後，就將裝有香菸的外套掛在椅背上呀。不是任何人都可以接近的嗎？」

麗莎說著。權田立刻搖了搖頭：

「在衆目睽睽下，取出一根香菸注射之後，再放回去這種事，是很大的冒險耶！」

但是，吉澤說出了反對意見：「不對，這也不是不可能！因爲又沒有說要互相監視。」

大家都在混亂之中。我不禁開口說話了：「請等一下。就像吉澤先生說的，也許是有空檔可以從矢島先生的口袋裏拿出香菸動手腳。但是實際上那種事情卻不可能會發生。如果是在練習室２這裏，下毒在他的香菸裏的話，注射器會在二樓出現的說明就更棘手了。」

「注射器說不定還有另外一枝。」野上一臉詭異地丟出話來。

「不會吧！」美樹嘟起嘴說：「在矢島先生死亡之前的全身搜查，不是沒有發現任何東西嗎？雖說我們都是演員，會唱歌跳舞，但是可不會變魔術呀！」

「一定有什麼小把戲的。在戲劇上會使用的小把戲……」

野上只是喃喃唸著，應該不知道具體上到底是使用了什麼小把戲。我也不明白。

「嗯，注射器、毒藥。不是可以限定會拿到那些東西的人嗎？」

三村小心翼翼地說。我不知道他是否知道這句話會導致怎樣的波紋？是事前沒有預想到的、還是在已經預先推測之下的發言？結果就是激怒了麗莎：

「三村，你說話還挺狠的。那意思不就是在指名是我？你是不是要說，一年前都還在當護士的我，可以很容易拿到那些東西？」

「不是的……我沒有那種意思……」

他忙碌地眨著他那雙看似膽小的小眼睛，狼狽地舉起雙手揮著。

「我看你才是，向形跡可疑的臭朋友們花大錢買的吧？」

「好啦好啦，冷靜一點。」舞台導演勸說。

麗莎怒意未消，不知是否是因注意到坐在遠處的弓子視線，她又挑起了柳葉眉彎著腰說：
「弓子的眼神，很奇怪耶。妳，是贊同三村說的話對吧？」
「沒有，我沒有。」
「妳根本就是想說我就是兇手！」
「我沒有理由那樣想的！」
這次換權田想要安撫她，可是她的憤怒絲毫沒有平復的跡象。基本上事情會演變成這樣，不正是你的劇團營運有問題嗎？之類的，麗莎開始批評起來，權田投降了。
混亂之中，火村將雙手抱在胸前，靠在牆邊不說話。過了一會終於抬起頭，用眼神示意我「走吧！」我們出了房間。
「怎麼了？」從置物間的旁邊走出大廳，在快速往二樓的樓梯走上樓的友人背後，我問了他。
「我有一個想法，想要實驗看看。」他連轉過頭來說話都沒有。
一上了二樓，他進入表演大廳，跑上舞台，走近放置在後台的鐵桶，戴上手套，撥弄著快要溶化的乾冰。然後，取出一片約菸盒大小般的乾冰。
「用這個來試試看。」
他到底是要實驗什麼，我一頭霧水。我察覺到的，只是，他的腦海裏已經描繪出整體的事件。

★給讀者的挑戰

在火村英生的腦海裏描繪的「整體的事件」，對讀者來說，充分的想像——不好，應該說是理論上的指摘——是可行的。内文裏面的有栖川有栖說：「一頭霧水」表示自己還是不明白，但是對於和火村一樣，掌握著相同資料的慧眼讀者來說應該是可笑至極的吧。

兇手到底是誰？

犯罪行爲是如何進行的？

在二樓發現的注射器是殺了那兩個人的兇器沒有錯。

喜歡遊戲的讀者，請在進行到下一個章節之前挑戰解答。

提示：一開始所揭示的平面圖，含有重要的線索，請務必參考。

7

觀衆和演員的角度完全逆轉了。背對著舞台站在上面的火村，和坐在前排觀衆席的劇團成員。樺田警部、野上刑警、和我也加在其中坐著。

「眞是鬧劇。這樣作也太戲劇化了。」

我的耳朵所接收到的，是一點都不想聽到的高音，那是坐在斜前方的野上悲嘆的聲音。坐在一旁的樺田輕微頂了一下他的手肘平息之後，代替權田催促劇場的開演。

「接下來，請您開始吧！火村教授。」

犯罪學者嚴肅地點頭示意。之後將雙手放在夾克的口袋裏，開始說起話來。

「我知道，只不過是個沒沒無名學者的我，有榮幸在這種形式下發言，無論怎麼想都是特例。但是，當然，在這裏我並不是要在大家面前披露外行人演戲的餘興節目。不只如此，如果等一下我說的話裏有不能理解的地方，我希望大家當場立刻指摘出來。現在在場的所有人，我很瞭解我的錯誤——如果有的話，我想——也許有誰可以敏銳地察覺出來。所以希望大家好好地注意聽。」

他的聲響迴盪在空盪盪的八角形表演大廳上。今天在這裏，會演出這種莫名其妙的戲碼，應該是任何人連作夢都沒有夢過的吧！

「開場白已經說夠了吧！快一點開始吧。」野上不耐煩地要求進度。

「我會的。」火村在舞台的邊緣坐下來。「關於西尾裕司被殺害一事，有非常不可思議的疑點。——兇手在分電盤裝上計時器計畫讓練習室1停電的同時，在西尾先生的夾克衣領塗上夜光顏料，做了相當周全的準備。之後偷偷帶帶著裝有毒藥的注射器，等待自己預期的黑暗來臨，犯下罪行。我們所知道的事情是那樣。問題是，犯罪時使用的兇器是在二樓的棕櫚樹盆栽裏出現的。但事件發生後，明明沒有人可以接近那邊的。

「不對，正確說的話，有人有機會接近盆栽。比如，現在在這邊的三村先生。或者是說在練習室旁的辦公室裏的大廳人員。但是，三村先生他們沒有進入犯罪發生現場一事是確實的。」

那麼，究竟是誰，何時？如何處理兇器的，雖然我期待著解答，但是火村在這裏卻狡猾地讓聽衆的期望落空。

「到底是怎麼回事，我也不太瞭解。但是，藉由矢島先生被動了手腳的香菸毒殺之後，事態逐漸顯而易見而鮮明了起來。比他的死還更快地，我眼前的烏雲已散去，雖然我由衷感覺可惜——」

這時火村將手從口袋裏拿出來：「矢島先生被殺害一事，是因爲他愛抽的『CROWD』香菸的濾嘴裏被注射了毒藥。誰有那個機會呢？關於這點，在冷靜地來回推想之下，可以知道有這個機會的只有一個人。」

他毫不在意地講了出來，應該沒有人不震驚的吧！

「你說只有一個人有這個機會？」像是要定案般，權田反問。

「是的，一個人。要鎖定那一個人，是很簡單的喔！我們立刻來試試看吧。——毒藥，是在他拆開『CROWD』的包裝，到抽到那根之間。因爲菸盒上沒有被針扎過的痕跡，所以不可能是在拆封之前。而且香菸一直放在矢島的外套裏，所以可以注射毒藥的機會，只能推測是在他脫下外套掛在椅背上之後，但是那樣一來又有矛盾了。如果說是在他脫下外套掛在椅子上之後，毒藥才注射進去的，注射器不可能會在二樓的大廳出現。那，毒藥是在矢島脫下外套前注射的囉。這是有可能的嗎？」

火村停頓了一下。不知是眼神交會了還是怎樣，「那應該是不可能的吧！」吉澤發言。

「因爲，那包香菸他一直都帶在身上呀。誰都沒有機會可以碰到那包菸。」

「如果是那樣，那火村教授所說的，是那件事嗎……？」權田摀著自己的嘴巴，瞄了一眼身旁的美樹說：「總彩排後，美樹向他要了一根菸在舞台上抽了。難道是那個時候，迅雷不及掩耳地注射了毒藥？」

美樹說了一聲：「怎麼可能。」就被火村制止了。

「市川小姐，您不用擔心。那樣的速度是不可能的，當時在場的我最清楚了。說起來，妳連一根手指都沒有碰到『CROWD』菸盒包裝。因爲只是輕巧地拿走了矢島夾在手指上的香菸嘛！」

我也記得很清楚。

「在這樣的情況下，沒有人有在矢島的香菸裏注射毒藥的機會。但是，如果說是事先將已經注射好毒藥的另一包香菸，偷偷地和他的那包香菸掉包的話，不就可行了嗎？」

沒有人否定那種說法。因爲大家已經接受，椅背上那件脫下來的外套裏，那包香菸被注射毒藥是可行的，所以如果說是將香菸整包掉換的話又更輕而易舉了。

「原來如此，也有將整包香菸掉包的手法呀。可是，那樣的話不就任何人都可以做到嗎？」

麗莎說。火村則沈著地搖頭否定：

「不是那樣的。瞭解嗎？如果說要進行掉包的話，當然，遭兇手下毒，所準備好的香菸牌子一定也要是『CROWD』喔。但是，預測到矢島先生今天會抽『CROWD』的人，眞的存在嗎？他，是在昨天，從三村先生那裏分到一根的契機之下，今天開始才換抽那包淡菸的。沒有人可以事先準備好爲了下毒用的『CROWD』牌香菸。」

「可是……」弓子接著說。

「是的。可是，兇手剛好有並不是事先準備好的『CROWD』牌香菸。爲什麼會這樣，因爲那原本就是兇手愛抽的牌子呀！」

如果這是在演戲的話，應該是聚光燈對著三村亮二投射的場面吧。火村伸出食指，直挺挺地指向燈控師。

「三村先生，只有你可以辦得到。因爲你是唯一可以事先準備好有毒的香菸，並將那香菸偷偷地和矢島先生的掉包的人。」

「香菸這種東西……」被指名的男人怯懦地出聲了：「香菸這種東西，不是到處都買得到嗎？總彩排結束後，聽到矢島先生一邊抽著『CROWD』一邊說：『我換抽這種了。』之後，再準備也是可以的啊。」

「不可能。這大廳裏沒有香菸的自動販賣機。也沒有人在聽到矢島先生說出他換了香菸之後，離開這棟建築物的。因此，第二包的『CROWD』是無法入手的。」

「三村他是兇手……？」

也許是因爲不相信，麗莎悵然所失地說道。雖然我看不到樺田和野上兩位刑警的表情，不過從他們的背影來看，可以知道是充滿緊張的。

「是的。只有他可以殺害矢島先生。」

火村像是在叮嚀般地說道。這時，慌慌張張地反駁的人是權田：

「可是，火村教授，那不是也很奇怪嗎？如果說注射器和毒藥是三村他使用的話，那就是說西尾也是他殺的嗎？那應該是不可能的吧！對於沒有進入練習室的他來說，是不能殺了西尾的。」

「那是在沒有共犯的情況下喔！」

「什麼？」

聽到火村的話，權田呆住了。不對，驚訝於這場意想不到發展的人，應該不只他吧。就連只是聽著結論的我，都緊緊握著椅子的手臂。

「他無法直接下手殺害西尾先生。但是，如果存在有別的實行犯的話，就不會一團謎霧了。實行犯，我指的是誰大家應該都知道了吧？是已經死亡的矢島隆先生呀。抽了下有毒藥的香菸，瀕死之前的他，所說過的話大家還有記憶嗎？『欺騙了哈。』那句話，不正是對於在場的共犯者怨恨的聲音是什麼？三村先生，應該是想藉著抹殺實行犯的矢島先生，來確立自己的安全吧。共犯消失的話自己就更加安全了，他操弄著這個計謀，但是卻徹底失敗了。」

「刑、刑警先生，請制止這個人。我，如果只說我還勉強可以，可是他連死去的矢島先生都侮辱了。」

三村對著樺田和野上控訴。但是警部只說了一句——

「請繼續，火村教授。」

像是在說著我知道了一般，火村的口氣又更加熱血沸騰了：

「三村先生和矢島先生合作的話，計畫殺害西尾先生一事就可行了。兩人分配了角色。他們的分配是這樣的：實際用注射針扎向西尾後頸部的矢島先生，和處理兇器的三村先生。這樣一來，兩人就可以各自主張『我沒有在事發現場。』、『我沒有處理兇器的機會』了吧。不過他們沒想到，我因爲有留意要將大家集中在同一個場所，所以不只是矢島先生，其他的人也都沒有時間可以上二樓大廳去藏兇器這件事。」

「嗯，雖然如此，但是那個所謂的角色分配，矢島先生的責任不是太多而且不公平了嗎？」

美樹像是在澆火村冷水般地說。但卻是個千眞萬確的意見。

「說得很好。詳細的事情等一下請三村先生自己說吧！從富者和貧者這兩人的境遇推測的話，也許是三村先生以金錢報酬爲誘餌，引誘矢島先生捲入犯罪的。如果計畫成功的話，對西尾先生的負債不但可以一筆勾消，而且還會有追加的巨額謝禮。如果三村慫恿著：『處理兇器我來做就好，這樣一來你可以免除嫌疑。在對西尾先生抱持不友善感情的人士，所集中的場合裏實行的話，搜查將會變得混亂，不會露餡的。』矢島應該會附和吧。」

三村什麼話都沒有說。代替發表疑問的，又是權田：

「你講的話我聽不太懂。即使假設三村和矢島是共犯關係，那兩人又是何時？怎麼樣傳遞了兇器的呢？」

「是可以的。請大家回想一下現場的情況。」

有幾個人，一臉莫名其妙地互相交換了眼神。

「犯罪現場練習室1的正前方有什麼呢？」

「有什麼？不就是只有那部電梯——咦？」

也許是突然驚覺到什麼，麗莎說到一半就嚥了下去。

「就是那部電梯喔。犯罪現場開放的那扇門，和作爲樓上交通手段的門是完全相對的。那樣的位置關係本來是沒什麼意義的，但三村先生想到了可以設計在殺害西尾先生的計畫裏。事實就是這樣。

──實行犯只要在黑暗中將西尾先生毒殺後，將兇器滑入電梯內即可。那樣一來，不用踏出房間一步就可以將注射器由手邊放置遠處。

而回收了注射器的三村先生，只要將那東西藏在樓上適當的地方，作戰就結束了。等燈光一恢復，西尾先生的屍體被發現後，只要矢島先生不要單獨一人上樓即可。因爲那樣的話，就像先前所說明的一樣，他可以說：『前往二樓隱藏注射器的機會，我可是沒有的。』以主張自己的不在場證明。」

「三村他是坐電梯下到一樓，等待偷渡注射器的時機嗎？」

對於權田的問題，火村搖頭說：「不是的。」

「沒有必要特意下到一樓來啦。只要待在三樓，直接按電梯按鈕操作就足夠囉。」

「可是，」這次換吉澤說了：「有辦法做得那麼剛好嗎？又沒有用監視器觀察一樓的樣子，卻可以配合著矢島先生偷渡注射器的時機讓電梯降下樓來，並且開門等待。這種事，是需要相當微妙的時間計算的。」

「愼重的討論計畫應該是必要的，但是這種事當然是可行的。因爲殺害計畫是在計時器所造成的停電之中進行的，所以兩人只要是事先正確地合對過手錶時間即可。」

「合對手錶時間。原來如此，然後呢……」

我聽到樺田在唸唸有詞。

「矢島先生的手錶慢了五分。還記得，三村先生的手錶也同樣慢了五分喔！三村先生雖然有說明：『因爲是從矢島先生那裏問了時間而調過的，所以自己的手錶也慢了五分。』但是，那並不是單純地問：『現在是幾點？』而調過的，而是爲了要讓兇器的移轉不會失敗，在謹愼的討論之下而進行的吧。因爲必須要在黑暗之中按照計畫搬運的，所以我相信他手上的是夜光錶。」

「你那是……充滿惡意的解釋。」

三村雙手握拳抗議，但是火村卻將之打破擊碎：

「對不起，我不這麼認爲。——請大家回想一下，總彩排排到一半時所發生的突發事件。還記得市川小姐的手錶，鬧鐘響了，被權田先生告知要注意的畫面嗎？當時，在她旁邊的矢島先生是一邊擦了擦自己的手錶一邊笑著喲！代表他那時應該已經注意到了自己的手錶時間不準。然而，他卻沒有將指針調回來是爲了什麼？太不自然了。即使發現了手錶慢了五分鐘，他卻沒有調整手錶。那是因爲，他不能夠對身在燈控室的三村傳達：『因爲慢了五分鐘改回來吧！』這一句話。從犯罪是照著預定進行的方向來看，裝在分電盤的計時器可能也慢了五分鐘，甚至是說，計時器根本就是障眼法，實際上說不定是三村先生看著慢了五分鐘的手錶，自己用手切掉開關的呢！」

「如果是自己將開關切掉的話，那不是從一開始就不需要計時器之類的東西了嗎？」美樹說出了她的疑問。

「不對，那是必要的哦！請仔細想一想。如果分電盤上沒有裝著計時器的話，很容易就會被識破說：『可以切掉開關的是在練習室外的人，所以三村有嫌疑。應該是爲了要殺人而故意引起停電的共犯吧？』」

火村還準備要繼續說，但是權田又打斷了：

「請容許我問個問題。您剛剛是說，注射器是滑入電梯內的，對不對？練習室的入口處掛有簾幔，所以只能從下方的間隙滾出去。但是我個人覺得，如果是從室內丟出去，橫越過走廊滾入電梯裏的話，那小小的注射器不是應該會碎裂掉嗎？」

「注射器的確是易碎品。或許矢島先生是裝在什麼容器內滾動的吧。例如這種東西——」

這時火村從口袋裏取出一片乾冰，那是剛才從舞台內側的鐵桶裏擅自拿走的。

「雖然只是我的想像，但矢島先生應該是準備了和手一般大小的乾冰吧。在那乾冰上穿個洞，事後再將注射器收納在內滑動乾冰即可。請看。」

火村大大地揮動手臂，讓手上的乾冰在舞台上滑動。在磨得發亮的地板上，那片乾冰很漂亮地以完美的速度滑動。

「在那之前，電梯門已經事先打開等著了喲！燈光熄滅、對西尾先生注射毒藥、將乾冰滑入電梯箱內需要幾秒，這些只要事先討論過，就可以在三樓按按鈕將東西取上來了。雖然是需要以秒爲單位的討論，但是這在戲劇的世界不是家常便飯嗎？」

因爲在練習室裏，開始著以西尾爲中心的口角，當時的矢島說了：「請在大廳等一下。」將火村和我引開了。當時，他應該是邊偷瞄著手錶邊焦急的吧。

——就快要到燈光熄滅的時間了。再不快點將這兩個人引開的話，電梯就要下來了。滑動注射器的時候就會被看到。

一邊在心裏那樣嘀咕著——

三村詞窮說不下去了。火村只在右手戴上手套，對著他指過去：

「請交出你現在所持有的『CROWD』。那應該是矢島先生的東西。因爲在舞台上時他和市川小姐有抽，所以一定只減少了兩根。然後，也一定還有遺留他的指紋。雖然你在掉包換進他口袋裏的菸盒上，應該有留意到不要留下自己的指紋，但是應該沒有設想到要擦掉那邊的指紋吧，這正是我樂見的。」

三村似乎無意交出香煙。

最後終於抬起頭，看著武藤弓子。

「只要那傢伙不在……妳就會回心轉意了……我一直相信著。」

「三村先生……」弓子神情恍惚地看著他的眼睛。

火村則是一副無情，不妥協的樣子，完全沒打算將自己伸出去的手收回來。

——閉幕

後記

本書是東施效顰模仿艾勒里・昆恩國名系列的第一砲。到一九九七年六月的現在，已經出版了《瑞典館之謎》、《巴西蝴蝶之謎》和《英國庭園之謎》共四冊，我計畫要和昆恩大師一樣出版十冊。

啊，不小心寫出了「東施效顰模仿艾勒里・昆恩的國名系列」一文。關於國名系列，是目前無人可及的本格推理最高峰，我的聖經。但我居然，還，說得可眞是輕鬆呢。大師的那一系列全部都是堂堂正正的長篇小說，而且幾乎都有加入「給讀者的挑戰」宣言。反過來看，拙著我的既是短篇集、卑鄙無恥的手法又隨處可見……。哎呀，反正好玩嘛，所以沒關係（？）。

也許有書迷會不愉快地表示：「不要草率說出『東施效顰模仿艾勒里・昆恩』」。但是我可以在這邊斷言，到目前爲止不論高下，試行「來寫個新國名系列吧」的作家，世界上應該有一萬人吧（眞的嗎？）。而且更大膽的是，正因爲已經成爲自己的系列了——也只能撐到最後了。

先將玩笑放在一邊，既然是後記，那就讓我雜談一下吧。但因爲有露餡的嫌疑，所以請大家一定要先看完作品喔。

〈動物園的暗號〉，是在思考可否利用鱷魚呀大象之類的來寫推理小說時，發現了「那個」而完成的。雖然我是不會自吹自擂地說，寫得眞是超棒之類的，不過那暗號特別到格外會遺留在腦海裏，不是嗎……自己一說出來就覺得眞是不可愛。

關於〈天棚的散步者〉。是隸屬於同志社大學推理小說研究社的時候，《每日運動報》來邀稿：「要不要在報上每月寫個兩回找出兇手的小說呀？」我忘了是在怎樣的機會下得到那樣的要求。我聽說是因爲當時，該報紙每週四有刊登早稻田大學推理社所寫的找兇手小說，而總編打算：「關西版的想刊登關西的大學的作品。」而尋求寫作者。我應該是在某個地方踏入了他們布下的網吧。因此湊巧寫了六、七篇。張數從五張到八張左右。〈天棚的散步者〉，是重寫當時的其中一篇。相同地，等我成爲專業作家之後，也有 re-write 發表一些其他的。像是長篇《第46號密室》原型（雖然只是取用某個詭計），是從一篇題名叫作〈有暖爐的密室〉、內容約八張程度的作品來的。

不過，天棚上可以散步的公寓，實際上是存在的嗎？我向認識的建築家詢問了寶貴的意見。他的回答是：「如果是設定木造平房的話，就沒有問題。」我在這一篇作品裏也有寫，如果是長屋的話，雖然天棚是延續的，但是在法律上，它們之間必須向上建有界壁的（目的是爲了在火災時延遲燃燒），所以就不能散步了。他說：「在電影《異形II》裏面有大群的異形從天花板侵入的場面，但我覺得很格格不入。」當時我們都笑了。那個電影裏出現的外星基地的建造方法，可是比不上長屋的。

至於〈紅色閃電〉。大學推理研究會的學長、白峰良介先生的長篇《飛男、墜女》裏，展現出超級強烈的謎團：看到有男人從大樓跳下，急忙趕到之後落在地面的卻是個女人。在聽到那個答案前，我所先想到的解答，就是本篇作品的基礎想法。當然和白峰先生的處理方法完全不同。討論推理不只是好玩而已，有時還會啓發靈感。不過只有好玩也是可以啦。

〈Rune 的指引〉，是受「別冊歷史讀本」委託而寫的，但是我接到電話的當時，覺得他們應該是搞錯了吧。我回答：「我，可是不會寫，像宮部美雪小姐一樣的推理風格時代小說喔。」而準備要拒絕的，但是仔細聽他們說了之後，卻是：「因爲要做不能解讀的文字特集，所以請以那個爲題材寫本格推理。」於是我買了要作爲資料，描繪有 Rune 文字的占卜用石頭，將那東西一面放在旁邊一面寫作。那石頭連一次都沒有玩過，就不知道放到哪裏去了。

〈俄羅斯紅茶之謎〉，是當我讀著詹姆斯・葉飛（James Yaffe）的某個短篇時，啓發了靈感。因爲是毒殺詭計，所以有一些平凡，但是我本人非常喜愛。我一邊寫著這篇作品，一邊想：「這等收錄到短篇作品集時來作主打。其他還有別的機會可以寫冠上國名的系列。」作品中，奧村丈二的歌詞變得有些簡陋是小說的必然性，不是因爲我的關係哦！（藉口？）

至於〈八角形圈套〉執筆的經過，就是本篇作品前面所附加的。但是，戲劇的最高潮，並沒有實際將詭計演出來。爲什麼會這樣（進行上的安排是最大的理由），原因是因爲我們事前就知道，當實際啓動載貨用的電梯時，電梯就會發出如嬰兒般嚎啕大哭的警報器聲響。

還有，關於醫學上的疑問，我是向三浦大先生請教的。在此致上深深的感謝。雖然三浦先生是小兒科醫師，但他是慶應大學的推理小說同好會的老骨頭。在鮎川哲也編輯的作品集《無人平交道》裏也有收錄他寫的〈解讀鮎川哲也的男人〉一作。該書也有收錄我的短篇處女作〈燒焦線路上的屍體〉，不過很可惜的是，該書已經好評絕版中了。

好了，這次就寫到這裏。

在下次的「國家」時再見面吧！

最後，像深受照顧的文庫出版部的山田享先生與讀者們說聲——

Спасибо！

〈譯註：俄羅斯語「謝謝」之意〉

栖

俄羅斯紅茶之謎 ／有栖川有栖著；張郁翎譯.
-- 初版． -- 臺北市：小知堂， 2005[民94]
面； 公分. -- （有栖川有栖；3）
譯自：ロシア紅茶の謎
ISBN 957-450-378-X（平裝）

861.57 93024384

知 識 殿 堂 · 知 識 無 限

有栖川有栖 03

俄羅斯紅茶之謎

作　　者　有栖川有栖
譯　　者　張郁翎
發 行 人　孫宏夫
總 編 輯　謝函芳
責任編輯　魏麗萍
發 行 所　小知堂文化事業有限公司
地　　址　臺北市康定路62號4樓
電　　話　(02)2389-7013
郵撥帳號　14604907
戶　　名　小知堂文化事業有限公司
法律顧問　永然聯合法律事務所
書店經銷　凌域國際股份有限公司
登 記 證　局版臺業字第4735號
發 行 日　2005年2月 初版1刷
售　　價　220元
本書經由博達著作權代理有限公司安排獲得中文版權
原著書名　ロシア紅茶の謎

購書網址：www.wisdombooks.com.tw
本書如有缺頁、破損、裝訂錯誤，請寄回本公司更換。
郵購滿1000元者，免付郵資；未滿1000元者，請付郵資80元。
ISBN 957-450-378-X

有栖川有栖

有栖川有栖